# いつでもどこでも自然観察

植原 彰 著

地人書館

いつでも どこでも 自然観察 目次

本文イラスト　トミタ・イチロー

## いつでも　どこでも　自然観察／序文にかえて

ＮＡＣＳ-Ｊ自然観察指導員。東京に事務所を持つＮＡＣＳ-Ｊ（ナックス　ジェイ）が開催する自然観察指導員講習会を受講され、登録された方々を私たちはこう呼んでいます。登録されている方は、年齢も住むところも職業もさまざま、そのような方々が現在約九〇〇〇人、ＮＡＣＳ-Ｊのデータベースに登録されています。

自然観察指導員を養成する講習会は一九七八年にスタートし、全国の自治体や地域のナチュラリスト、そして地域の自然保護ＮＧＯの方々と協力して進められ、現在も毎年全国一五カ所ほどで開催しています。講習の内容は時代にあわせて変化させてはいるものの、ＮＡＣＳ-Ｊはこの二〇年間、ほぼ同じスタイルでこの講習会を続けてきました。

本書の執筆者である植原　彰さんは、大学生の時にこの自然観察指導員になり、今では各地で開く講習会のレギュラー講師として本職の小学校教諭のしごとの合間をぬって参加され、活躍されています。また同時に、ＮＡＣＳ-Ｊのすすめる自然保護教育活動の実践の仕方を考える専門委員会・普及委員会の委員も引き受けられ、植原さんの実践する自然観察指導員としての地域活動をモデルとして、全国に人と自然観察会の輪を広げて頂くことを進めて頂いています。

「植原さんモデル」に共感を持ってくれる人は少なくないに違いない。なので、植原さんには、この講習会から発信するいくつかのモデルのうちの、一つの直接の発信者になってほしい。私たちのこの思いは、植原さんにかなりうまく届いているような気がします。

植原さんの特長は、何といってもそのパーソナリティの健全性と勤勉性。本書を読ませて頂き、いっそうその観を強くしました。すでにお父さんになられてはいるのですが、もしかすると内実は、自然観察の世界に育った健康優良児（?、失礼）のまま、なのかもしれません。

＊　＊　＊

NACS-Jがこの自然観察指導員講習会を始め、全国に広めようと考えたきっかけは、各地から豊かな自然が消える、豊かな自然と人との関係が見る間に失われるということが、とめどもなく続いていたためです。また、自然に関心を持つ人たちの自然との付き合いも人間本位であることが少なくなく、人が自然の中で楽しむと、そこの自然がめちゃめちゃに荒れるということが当時は普通におきていました。

このようなことを終わらせるには、一握りの特別な立場の人たちだけではなく、ある地域に普通に暮らす一人である私たちが、その地域の自然の特徴を知り、その自然に愛着を持ち、その自然とともに生きていくための方法を見つけて実行しなければならないのではないか。また、ある地域から自然の豊かさがあらかた消えてしまうまでの間には、そのことを警告する自然からのサインがいろいろとあったのではなかったか、今まさにそのサインがそこここに出ているのではないか。

それらを見つけ、広く人に知らせ、自然の劣化と自然と人との関係の寸断を未然に防ぐための努力をできるところから始める。自然の豊かさを消しているのが人ならば、それを止めることができるのも人のはず。自然は次の世代からの借り物、と考える人を増やし、私たちも含めた生命全体のために自然を守りたい。

これらのことに共感し、いっしょにやってくれる人たちと仲間になりたいと考え、試行錯誤をしつつ始めたのが、この講習会でした。

* * *

そこで呼びかけた具体的な手段は、足元にある身近な自然をとにかくじっと観察してみませんか、というもの。改めてみてみると、それなりに面白い周囲の景色の成り立ち、珍しい生物ではなくその地域にもっとも普通に暮らしている（したがってその地域の自然を作る主役となっている）生物のくらし、地味ではあっても自然全体を支えている巧妙な自然のしくみ。それらを発見することは面白いことでした。大げさに言えば、地球に共に住む仲間との出会い、でもあります。

また、永年そうやって自然を見続けている人から目のつけどころを教わると、自然の言葉が聞こえてくるようになるのです。そして、その地域できちんと自然とつき合ってきた人だけが語れる含蓄のある一言との思いがけない出会い。これらをゆっくり体験し、自分の心とからだに取り込みながら自分の自然観を少しずつ高めていく。自然の中にある危険な側面から身を守る方法も覚えていく。

私たちは、そのような「自然観察」をみんなでする機会を「自然観察会」と呼び、この講習会の中で普及への協力を呼びかけたのでした。その体系をお互いに作りあいたいということと、未完成でもともかく始めてしまいましょうと。

その結果、今では全国五〇地域に自然観察指導員の連絡会もできてきました。今後は、アウトドアワークやレクリエーションに主たる関心を持たれてきた方々とさらなるパートナーシップを組み、自然を守っていこうと行動する人たちの層をもっと厚くしていけたらよいなと、私は思っています。

*　　*　　*

本書の中にも登場するNACS-J（ナックス　ジェイ）という団体は、日本語の正式名称を財団法人　日本自然保護協会といいます。この、（財）日本〇〇協会というような名称のつけ方をしている団体は数多いのですが、名称に自然保護という単語を直接使い、民間の意志だけで進む方向を決め、そして関わる人々の自助努力による資金だけを集めて運営されている団体は、ここだけといえます。

財団法人となったのは一九六〇（昭和三五）年ですが、団体自体は一九五一（昭和二六）年に作られたので、二〇〇一年には五〇周年を迎える団体です。自然保護に関する日本のNGOとしては、とても早い時期に作られ継続されているところといえます。

現在も、とにかく自然保護に役立ちそうなことは何でもやってみようということから、全国約一七〇〇〇人・団体の会員や植原さんのような自然観察指導員、日々自然から何かを学ぼうとしている研究者、そして多くのボランティアの方々と協力して活動しています。

このような活動に興味を持たれたならば、ぜひホームページを覗いてみてください。かなり理屈っぽいことから少し楽しそうなことまで、内容はいろいろ。でも、どれも自然保護にとって大事なことばかりです。

＊　＊　＊

初期の講習会を一〇年間ほど担当し、自然観察のためのいろいろなテキストを作って植原さんを誘ったものとして、本書の出版を何よりうれしく思います。

いっしょにスリランカにエコ・ツアーのスタイルを調べに行ったときの話も、たいへん懐かしいものでした。セイロンゾウの群れに取り囲まれじっと観察された時などは、幸せの極致でした。

植原さん、これからも面白い人たちを全国から見つけ、人生を楽しくしましょうね。

財団法人　日本自然保護協会（NACS-J）総務部長　横山　隆一

財団法人 日本自然保護協会（NACS-J）
〒102-0075　東京都千代田区三番町5-24 山路三番町ビル 3F
TEL 03-3265-0521 ／ FAX 03-3265-0527
NACS-Jホームページ http://www.nacsj.or.jp

プロローグ

# 自然観察指導員のお仕事

自然観察指導員は、仕事にあらず
自然観察指導員は、資格にあらず
自然観察指導員は、

自然と心を通わし、
自然を大切に思う心を育てていこうとする
態度であり、
精神であり、
心である。

## ■――いつでも どこでも 自然観察

朝起きて、トイレに行く。窓からツグミのキキキッっていう声が聞こえてきた。「あっ、あいつ、まだ北の国に渡っていないんだ。いつになったら旅立つのかなあ」

車に乗って通勤。ケヤキの新緑がまぶしい。キリの花もきれいだ。「お、あそこ！ 道路を横切っているの、あれ、キジだよね。へー、こんなところにキジが住んでいるんだ。それにしても、悠々と歩いてるなあ」

誰かが助手席に乗っていたら、きっとヒヤヒヤするに違いない。

今日は全校集会の日なので（ちなみに、ぼくは小学校の先生）、急いで体育館へ。入ろうとしたら、近くの植え込みが気になった。エノキの若木が目についたからだ。近づいて注意深く探したら、あったあった、オトシブミのゆりかご。何枚か葉っぱを裏返してみたら、作った本人（虫）も見つかった。喜び勇んで三年生の先生を呼びに行き、この発見を教えてあげた。三年生

オトシブミのゆりかご．この中に卵が一つ，産み付けられている．
葉っぱを巻いて，上手に作るもんだ．

の国語の教科書に『むしのゆりかご』という、まさにこの虫が主人公のお話があるからだ。……。

　こんなふうに、ぼくはいつでも、どこにいても、自然のこと・生き物たちのことが目や耳に飛び込んできてしまう。昼ばかりでなく夜だって、車を走らせていると、

「お、ここの石垣からスズムシの声。あ、ここの生け垣からはカネタタキ！」

といった調子だし、息子と一緒に子どもの日のウルトラマン・ショーを見に行ったたって、街灯のてっぺんに止まったカラスがていねいにおじぎをしながら鳴いてるのを見て、一人でクスクス笑ってしまい、ふと、まわりの視線に気付き……。

　東京に行く機会なんかがあれば、山や森に出掛けるときみたいにワクワクしてしまう。こんな都会で、いったいどんな生き物のどんな暮らしぶりが見つかるんだろうってね。

　別に意識しているわけではない。電波がアンテナに自然に吸い込まれるように、生き物たちの情報が目や耳というアンテナから自然にぼくのからだに吸い込まれてしまう。同僚の先生と雑談しながらも、気が付くと、

「あ、あそこ！　ほら、見て見て！　給食室前のベランダ。スズメが交尾してる！」

なんて口走っている自分がいる。

　もちろん、生まれつき、こうだったわけではない。幼児体験が原点だったのでもない。子どものころに教わった先生の影響——というワケでもない。ぼくの体や心がこんなふうに変わってしまっ

たのは、じつは大学時代のある体験に基づいている。

## ■——シゼンカンサツシドーイン

学生時代、あるきっかけで、日本を代表する環境NGOの一つ（財）日本自然保護協会が主催する自然観察指導員講習会というのを受講する機会があった。自然保護協会がなんで自然観察って思うかもしれないけど、自然保護協会はもう二〇年以上もこの事業を続けている。その趣旨は、「自然保護を進めるためには、自然を愛し、自然を理解する人を増やさなくてはだめ。それには、生の自然に親しみ、観察するのが一番。そんな場（＝自然観察会）をボランティアでつくっていくリーダーづくり」。

講習会の開催は、勤めのある人が参加しやすいように金・土・日の二泊三日が原則。三日間とも、とにかく昼間は野外実習。そして、夕食後に三時間の講義が二晩続く（つまり、講習が終わるのは毎晩一〇時すぎ！）。しかも、三日目には、自分で観察会のテーマを見つけて、同じ受講生相手にミニ観察会をする（教育実習の研究授業みたいなものと思えばいいかも……）。さらに毎晩、自然保護談義が遅くまで盛り上がる飲み会付き——という超超ハードなスケジュールだった。

なんだか新興宗教の合宿みたいだが、これらをこなしたら、自然観察指導員のバッジと腕章が送られてきた。

さあ、これで晴れて自然観察指導員！…になったからって、身分や立場は今までと全然変わらない。というのも自然観察指導員は、自然保護協会が「認定」した「資格」ではない。協会に自然観察指導員として「登録」したにすぎないからだ。だから、これで就職が有利になったり、履歴書にハクが付いたりということはないと思ってほしい。


せっかく三日間、手弁当で講習を受けたのに…と思うかもしれないが、「ボランティアで自然観察会を開こうという心意気を持った人」を養成しようというのが趣旨なのだから、ぼくはこれで構わないと思っている。

それに、たった三日間の講習会で自然観察指導の「資格」が取れるなんておこがましい。指導の技術を習得するのだって大変だし、第一、ただでさえ奥の深い自然がたった三日で理解できるはずはない。

むしろ、講習会はこれから一生、自然と付き合っていく「きっかけ」と言えるだろう。だから、

カモの観察会をしているところ．
腕に光るは，自然観察指導員の腕章！

指導員を、わざと始動員と（半分は遊び心の洒落だが……）書く指導員仲間もいる。

## ■――自然を観《み》るめがね

ぼくはこの講習会で〝自然を観《み》る、目に見えないめがね〟をかけてもらった気がする。歩いていれば、街路樹の根元を思わずのぞきこんでしまうし、電車に乗れば、車窓の風景を見て、「あそこはあんなにコンクリートになっているけど、いいのかなあ？」と気になってしまう。とにかく、自然がやたら自分の意識の中に飛び込んでくるのだ。

しかも、このめがねは使えば使うほど視野が広がり、遠くも近くもよく見えるようになり、最近は無意識のうちに使っているようにまでなった。

もしかしたら、ぼくはめがねをかけてもらったのではなく、生まれてから今まで、だんだん重ねてかけるようになってしまった〝文明生活のサングラス〟を、自然観察によって一枚一枚はずし、本来の自分のまなこで、自然を、まわりの環境を見るようになってきたのかもしれない。

そんな〝自然観察のめがね〟でいろんな所をのぞいてみると、「えっ、こんなところにも」と思えるような場所でも、「えっ、こんなときにも」と思えるような機会にも、いろんな生き物たちの営みが見えてきた。

そんな、ぼくが見つけた自然の物語を、ほんの少しだけれど、この本で紹介しようと思う。

第１章

# 公園で自然観察

美しい花の咲く花壇、きれいに刈りそろえられた生け垣、手入れの行き届いた並木、落ち葉はすぐに掃きそうじ……。

そんな人工的な公園のかたすみにも自然は息づいている。

それを楽しくしっかり見届けよう。

## ■——春の公園できのこ狩り

四月一九日。

「ねーねー、どっか行こうよ！　どこか!!　今日はお休みなのに、どこにも行ってないじゃん」という息子たちの要求に押されて、町内にある『フフ』という公園に遊びに行った。もう夕方近いころだ。

公園の芝生広場で遊んで、今度は土手の上にある建物の方に行ってみようと散策路を歩き始めたら……。なんと芝生からニョキニョキとたくさんのきのこ!!　普通のきのこみたいに傘が開いてない。色はコーンポタージュ色とかわいいのだが、形がグロテスクだ。シワシワの傘（？）の表面が脳みそか動物の内臓を彷彿《ほうふつ》とさせてしまう。

以前、勤務校の校庭でもこれを見つけたことがあり、図鑑で調べたらアミガサダケとあった。こんなに不気味だが、食用で、しかも、ヨーロッパ人が最も好むきのこの一つとあった。このきのこ、秋ではなく春出るし、林内でなく草原に生えるし、

アミガサダケ．生で食べると中毒する．キノコの中には猛毒のものもあるので，食べるのは慎重に…．

独特な形をしているので、間違えることがない。

一本一本、ナイフでていねいに根元から切り、ハンカチを風呂敷代わりにして包んで持ち帰った。

その晩は、さっそくきのこ料理。洗って、縦に切ってみると、中は空洞だった。きのこの本によると、そこにひき肉の炒めたのを入れて煮る料理もあるそうだ。う〜む、次回はそれに挑戦してみよう。バターでさっと炒めたら、あんなに大きなきのこがあれよあれよという間にしぼんでしまった。ほんとに空気を抜かれた風船みたいだ。味付けは塩コショーだけ。

お皿に盛って食べてみると…コリコリして、なんとも愉快な歯ごたえだった。イカの歯ごたえにちょっぴり似ていた。きのこが大嫌いなひろき（当時五歳）も、「うまいうまい」と言いながら、ペロリと食べてしまった。

春の公園できのこ狩りというのもオツなもの。

## ■——黄色いテントウムシ

五月四日。ゴールデンウイーク三連休の二日目。家族で『金川の森公園』へ行った。金川河川敷の雑木林を整備した公園だ。いろいろな遊具のあるコーナーもあるが、林の中にサイクリングロード兼散策路が伸びている。ゆっくり歩けば、いろいろ発見ができそうだ。

公園の事務所で補助付きの自転車を借りてやったら、ひろき（当時四歳）はおおはしゃぎで乗り回し始めた。そのうち、遊具広場のまわりをグルグル乗り回すだけでは飽きてきたらしく、森の中のサイクリングロードの方に行ってしまった。あわてて、ぼくは追い掛け、そのまま、ひろきのサイクリングに走っ《つ》て付き合うことにした（疲れた…）。

と、急に自転車を降りて、

「お父さ～ん、おしっこ！」

「……。仕方ない、その辺でしておいで。あ～っと、道でしちゃだめだよ」

そのときだ。道端のヨモギの葉の上にテントウムシのさなぎを見つけたのは。ひろきが二歳のころ、どういうわけかテントウムシの絵本がお気に入りで、寝る前に必ずふとんの中で読んでやっていたのを思い出し、おしっこの終わった息子を呼んだ。

「ひろき、ほら、これがテントウムシのさなぎだよ」

二人でしゃがんで見ていると、「見て～！」と、ひろき。

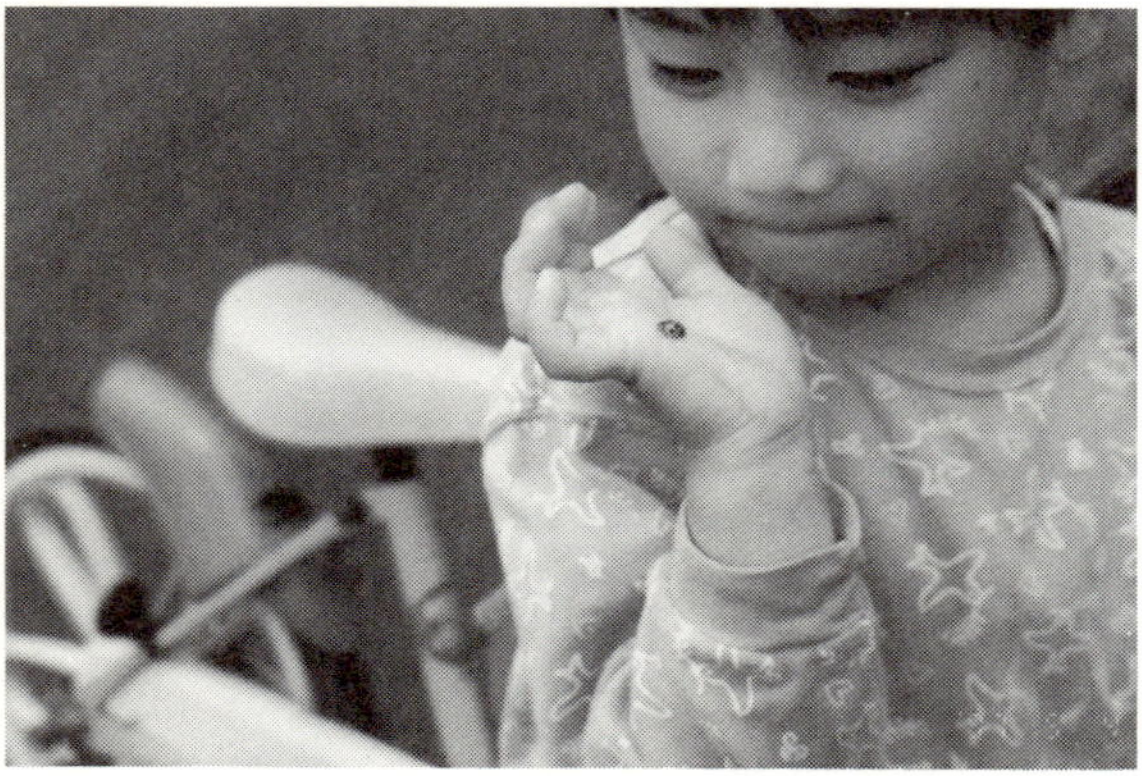

手の上のテントウムシ．つかまれるのは誰だって嫌だよね．虫だってそれは同じ．つかまないで，手の上を歩いてもらうといい．

テントウムシの成虫を見つけたのだ。テントウムシの目の前に手を置いて、テントウムシに手に移ってもらい、それをひろきに渡した。

「わー、くすぐったい！」

と言いながらも、まんざらではなさそう。そのうち、テントウムシはひろきの手の上で動かなくなった。

「ひろきの手の上が気持ちよくて、お昼寝しちゃったね」

一度、テントウムシをじっくり見ると、テントウムシばかりがやたらと目につく。目が〝テントウムシ＝モード〟になっちゃったんだ。帰り道は、

「あ、テントウムシ」

「ここにも」

そんな会話ばかりだった。たくさんのテントウムシが、目にまさしく「飛び込んで」くる。おっかしいなあ。さっきとまったく同じ道を歩いているのに。さっきまでは、全然、見えなかったのに。

究極の発見は、

「お父さん、黄色いテントウムシ！」

それは、さなぎの皮を脱いだばかりのテントウムシだった。絵本には『（皮を脱いだばかりのテントウムシは）始めは黄色くて、そのうち黒い斑点が出てくる』と書いてあったが、まさにそれを発

見しちゃったわけだ。すぐ近くには薄く斑点が浮き上がり始めたテントウムシもいた。

おしっこから一転して、テントウムシ三昧になった公園のひとときだった。

## ■――万力公園で自然観察会

山梨市の万力公園で、ノラやまなし（＊）の仲間と自然観察会をやろうということになった。ところで、さっそく話は変わってしまうが、近ごろ、〝一市町村一公園運動〟でもやっているのかな？　と思えるくらい、県内に公園が増えた（皆さんの地方はどうですか？）。ウチみたいに小さい子がいる家庭にはありがたい話だが、

「一通り道も橋も造ってしまって土木・建設業者の仕事がなくなったから、こんな公共事業を考えついたのかな」

と、勘ぐりたくなる。そういえば、同じく山梨市にフルーツ公園という新しい公園が建設されるため、予定地の雑木林の中にあるエビネの群生地がダメになってしまうということがあった。ぼくらは、「せめて、脳裏にだけは、きちんとエビネたちの姿を焼き付けておこう」と、観察会をやったっ

＊ＮＡＣＳ―Ｊ自然観察指導員山梨県連絡会の愛称。県内各地で自然観察会を開いている。

け。

どうせ造るんなら、デカくて個性的な建物とダダッ広い芝生広場じゃなくて、土地の自然をそのまま生かした公園にしてもらいたいものだ。だいたい、ダダッ広い芝生広場なんて、夏は暑すぎて、とても子どもたちを遊ばせられない。

だから、北側半分の雑木林はそのまま残し、すべり台やシーソーといった遊具も林の中に点々と配置しているという万力公園は、ぼくら家族のお気に入りの公園だ。

七月一一日。観察会の下見の日。集合場所に三々五々メンバーが集まってきた。町田香世子さんとはるかちゃん、鈴木としえさん、武用太郎さん、鶴岡壮一さんとぼく。総勢六名。

予定より少し遅れて、歩き始めた。

ところが、全然進まない。駐車場のすぐ近くで、もうホントにたくさんの草花が目についてしまったのだ。薄いピンクのアサガオみたいな花はヒルガオ（後でコヒルガオも見つかったが、これは花がずっと小さい）。変なにおいがするのであんまり人気がないつる草・ヘクソカズラ（でも、その小さな花がとってもオシャレ。外側は白なのに、内側はエンジ色。そのコントラストが何とも言えない）。実がセーターなんかにひっつくセンダングサ。タンポポの仲間のノゲシやノボロギクやセイヨウタンポポ。別名ねこじゃらしのエノコログサ。背丈が小さく、実が軍配みたいな形をしているナズナ（ぺんぺん草）はマメグンバイナズナ。だいだい色が色っぽいけど、花を破っちゃいけない

ダダッ広い芝生の公園と，
林の中に遊具がある公園．
どちらの方が子どもと自然
にやさしいでしょうか？

ヤブカンゾウ（このおやじギャグ、わかる?）、……。

森の小道を歩いていても、万事この調子。コナラの枝先にはどんぐりの赤ちゃん。

「はるかちゃん、ホラ、どんぐりの赤ちゃんだヨ」

と見せると、はるかちゃん（二歳）の目が輝いた。

「観察会の下見なんかに子どもを連れて行くと迷惑かなあ」と遠慮する人がいるけど、実際はその反対。その子相手に観察会のリハーサルができるし、大人もつられて盛り上がり、かえって楽しい下見になる。

「はるかちゃんにお手紙が来てるよ。葉っぱを丸めたお手紙」

葉っぱを丸めたのはオトシブミという小さな虫。

「はるかちゃん、ピンクのモジャモジャした花が咲いてるよ。いいにおいがするよ」

これはネムノキ。

はるかちゃんがとってもイイ顔で自然観察してるもんだから、まわりの大人が余計に張り切っている。

帰り道、今度はいろんなきのこが目についた。

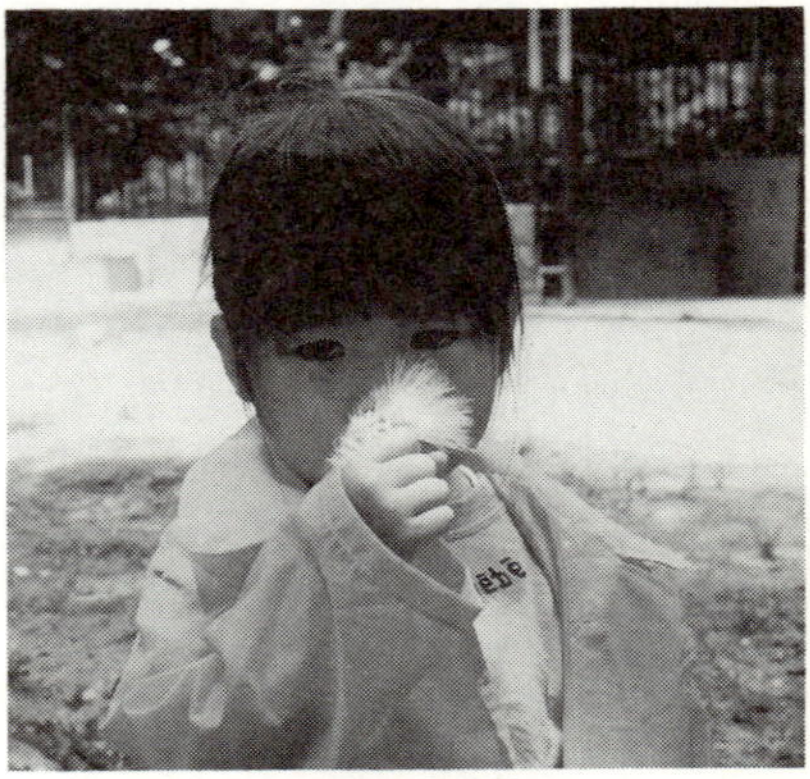

「はるかちゃん, いいにおいがするでしょう?!」
「ネムノキの花だよ」

「あれっ？　地面から土の粒がぼこぼこ突き出てるよ！」

近付いてみたら、それは全部小さな茶色いきのこだった。まんじゅうを小さくしたような、うす茶色のきのこもある。マンネンタケ（霊芝＝ガンの薬）の赤ちゃんもあった。

そして、きわめつけは白くてスマートなササクレヒトヨタケ！「その名の通り、一晩で溶けてしまう。溶けた汁の中に胞子が入っていて、地面に落ちるしかけだ。その汁が黒くて字が書けるほど濃いので、英語の名前はインク・キャップ」と、きのこの絵本に書いてあった。ぜひ、自分の目で見てみたいなあと思っていたので、大感激だった。

巣立ちの時期だからだろうか、鳥の羽根が散乱している場所も二、三あった。飛ぶのが下手な若鳥が、野犬にでもやられたのか？　みんなで殺鳥現場を囲んで現場検証し、自分の推理を言い合った。

そのすぐ近くで、我々は不思議な光景を見た。殺された鳥の羽根が数枚、地面に突き刺さっているのだ。これが殺鳥者を特定する証拠となり得るのか？　はたまた、殺された鳥が残したダイイング・メッセージか？

殺されてしまった鳥のダイイング・メッセージ？　それとも，鳥を殺した犯人が現場に残した重要な証拠？

やっぱり大勢で自然観察するのは楽しい。他人が発見したものまで楽しめちゃうし、一つのものを観察しても、自分のとは違ういろいろな見解が聞けるからだ。

## ■――ケヤキってすごい!

六月二日、山梨市子どもクラブ連絡協議会主催の観察会が万力公園で行われ、企画と運営をまかされた。テーマは「木の赤ちゃんを養子にもらおう」。木を伐るのは簡単だが、木が大きく育つまでには途方もない時間がかかる。この観察会では生まれて一年目にして枯死したり、下草刈りで一緒に刈られることの多い木の赤ちゃん(実生)を観察し、移植して自分で育てることを通して、木の大切さや木が育つことの大変さに気付いてもらいたい。また、その土地の景観を形作ってきた樹木を植え、育てることを通して緑化にも貢献したいと考えた。

連絡協議会の事務局には黒い小さなビニール製の鉢(花の苗なんかが入っているやつ)と小さな素焼きの植木鉢を用意してもらい、公園の管理事務所に木の芽生えを採る許可をあらかじめ取っておいてもらった。また、観察会のちらしには小さなシャベルを持ってくるよう、書いてもらった。

当日の参加者は三〇人程だった。

「今、草がどんどん大きくなっているよね。草って一番始めは何だった?」

「…たね⁇」

「そう。たねだよね。では、ぼくの後ろに大きな木（ケヤキ）があるけど、この木はずっと前からこんなに大きかったのかなあ？」

「違うよ。小さかったんだよ」

「そうだよね。だんだん大きくなって、この大きさになったんだよね。じゃあ、一番始めは何だったんだろう？」

　そんなこと考えたことないという雰囲気を感じた。しばらくたって、誰かがポツンと
「やっぱり、たね？」

「そう。たねなの。では、そのたね、どのくらいの大きさだったと思う？　こんなに大きな木だから、サッカーボールくらい？

　それとも、たまごくらい？　それとも、どんぐりくらいかなあ？　ひょっとしてアサガオのたねくらい小さいのかな？」

「じつはね、この辺にこの木のたねが落ちていると思うんだ……」

と、あらかじめ見つけておいたたねを探し出してみせた。

「え～、こんなに小さいの！」と子どもたちの声。

小枝に付いている小さな粒がケヤキのたね．
ビーズほどの大きさしかない．

ごもっとも。こんなに大きなケヤキの木だけど、そのたねは、なんとビーズほどの大きさしかない。

ケヤキのたねは、なんとも奇妙だ。いや、たね自体は何の変哲もない。タンポポみたいにわた毛を持っているわけではないし、かぎが付いててセーターなどにひっつくわけでもない。たねは葉の付け根に付いているのだが、すべての葉の付け根についているというわけではない。

以前、ぼくが参加した観察会でのこと。

「ケヤキの木を見上げて、葉の大きさをよく見てください」

と言われたことがある。

「変なことを言うなあ…」と思いながらもしばらく見上げてみて…、あっと思った。実を付ける木には、大きめの葉とそれより一回り小さい葉の二種類あることがはっきりわかる。もうちょっとよく見てみると、小さい葉は五～一〇枚ほどで一つの小枝をつくっているようだ。興奮して、そんな

ケヤキの2種類の葉．上が葉柄の付け根にたねが付いている小さい葉，下が大きな葉．

ぼくの〝大発見〟をリーダーに伝えると、

「じつは、ケヤキのたねは、この小さな葉の付け根にだけ付いていて、大きな葉には付いていないのです。だから、まだ実を付けない若い木は、大きな葉しか付けません」

と教えてくれた（な〜んだ、知ってたのか）。

それからというもの、ケヤキの木が気になって仕方なかった。当時、ぼくが勤めていた学校の校庭には大きくて立派なケヤキがあった。見上げてみると、この木には大きめの葉と小さめの葉がある。

「だったら、秋になれば、きっと実が落ちてくるだろうなあ。気を付けていよう」

秋になった。毎日のようにケヤキの木の下に行っては、「観察」したのだが、別に変わった様子は見られない。そのうち、運動会や児童会主催のお祭りの準備に追われ、ケヤキのことは忘れてしまった。

秋の終わりのある日。校庭で理科の勉強をしていた。急に突風が吹いてきたと思ったら、ケヤキの葉が一斉にその風に舞った。子どもたちは、その葉をキャッチしようと、風に向かって走りだした。ぼくは授業を中断し、しばし、その光景をながめていた。

「あれ？」

大きな葉は一枚一枚舞っているが、小さな葉は小枝ごと舞ってくるではないか。しかも、ちょっと風が弱くなっても、すぐに落ちるようなことはなく、まるで竹とんぼのようにクルクル回りながらふんわり落ちてくる。ぼくは、思わず子どもたちに、

「枝ごと落ちてくる葉っぱがあるでしょう?! それを集めて!」

と大声で言った。

子どもたちが集めてくれた小枝を調べてみると、案の定、葉の付け根にはたねが付いていた。

「そうか! わかったぞ!! ケヤキのたねは、それ自身、わた毛もかぎも持ってないけど、小枝ごと落ちるんで、小枝の小さな葉がわた毛のような役目をしているんだ。しかも、たねだけが地面に落ちるのに比べて、葉や枝がクッションの役割りもしているかもしれない。へー、ケヤキって、わた毛やかぎといった秘密兵器こそ持ってないけど、あきらめないで、自分の『手持ちのこま』を上手に利用して生きているんだなあ」

それ以降、ケヤキはぼくにとってとても親しい存在になった(それで、ぼくの長男はケヤキをイ

上野原小学校のケヤキの木．左下にしゃがんだ子どもが４人いるけど，それと大きさを比べてみてほしい．

メージして大樹—ひろき—という名前です)。

だいぶ話がそれた。

「こんなに小さなたねから出てきたばかりの木の赤ちゃんが、今、この森の中にいっぱい！

これから、探しに行こうね」

と、森の中に入っていった。

## ■——木の赤ちゃんとご対面

やぶの前で止まり、質問した。

「このやぶをよく見てください。ここには草しかないように見えますが、じつは木の子どもも混ざっています。赤ちゃんより少し大きくなった、木の子どもです。どれが草で、どれが木の子どもでしょうか？　ぼくが一つ一つ指していきますから、草だと思うか木の子どもだと思うか、手を挙げてください。これは草でしょうか？　木の子どもでしょうか？　これは…？」

四～五本について聞いてみた。参加者の予想は草と木と半々くらいに分かれるが、じつは、ぼくが尋ねたのは、全部木（の子ども）。

「これは…木の子どもです。これも…木の子どもです…」と、最後に答えを示したのだが、結局、全部が木の子どもだと知って、みんなびっくり！

「こんな小さな草むらにもたくさんの木の子どもがいるんですよ。今度は、もっと小さな、生まれたばかりの木の子ども、つまり赤ちゃんを見せてもらいましょう」

少し歩いて、次のポイントに進んだ。

「この上を見てください。大きな木がありますね。この木の赤ちゃんが、この下にたくさんあります。どれがそうだか、わかりますか？」

「え～、わからないよ～」という声があがった。そこでヒントを出した。

「みんなはお母さんに似てるって言われるでしょう⁈ 木の赤ちゃんも同じで、葉っぱがお母さんの木の葉によく似ています。同じ形の葉っぱを見つければいいんです」（＊）

地面をアリの目になって探すと、たくさんの赤ちゃんが目に付いた。やっぱり葉の形がキーポイントだ。

「ここに『木の赤ちゃん図鑑』があります。これを使って、この木の赤ちゃんの名前を調べてみまし

これは木の赤ちゃん？　それとも草？
（じつはケヤキの赤ちゃんです）

ょう」

『植物記』(埴沙萠、福音館書店)や『木の本』(萩原信介、福音館書店)、『NACS-Jピクチャー・カード　森のしくみ編』((財)日本自然保護協会編集)を用意して、絵合わせで、木の赤ちゃんの名前を調べてもらった。もちろん、ここで正確な名前を知ってもらおうという気はなく、図鑑で赤ちゃんを調べながら、「あんな赤ちゃんも、こんな赤ちゃんもいるんだね」という多様性に気付いてもらえれば、それでいい。

「中には、もう双葉がない赤ちゃんもいます。探してみてください。探したら、その赤ちゃんの『茎』にそうっと触ってみましょう。…ちょっと膨らんでいて、手がひっかかる所がありませんか？　じつは、それが双葉の付いていた跡なのです」

生まれたばかりの「いのち」に恐る恐る触れてもらう。そして、「いのち」の成長を指先で感じてもらった。

＊似ているのは「本葉」からで、「子葉(＝たねから出てきた葉。双葉など)」のときは似ても似つかぬ形をしているものも多いので要注意。アサガオやヒマワリの双葉と本葉を思い出していただければわかると思う。

## ■――木の赤ちゃんを養子に

「いよいよ赤ちゃんを養子にもらうことにしましょう。まず、黒い鉢を一つずつ持っていってください。鉢の下に穴が空いていますから、新聞紙を適当な大きさにちぎって、その穴をふさぎます。次に、どの赤ちゃんをもらっていくか決めてください。決めたら、根元を中心に五センチくらい離れた所をシャベルで掘り、根をたくさんの土と一緒に掘り取ってください。それをさっきの鉢にやさしく入れて、大切に持ち帰ってください」

説明が終わったら、質問があるかを聞いて、作業に移った。苗鉢と新聞紙を参加者に配ったら、参加者の間を歩いて手助けしたり、質問に答えたりした。親子で作業している様子なんか、ほんとにほほえましい。

全員の作業が終わったところで、別の場所に移動し、今度は赤ちゃんの方を紹介し、そのお母さんの木を探してもらった。参加者からリクエストがあったので、この木も掘って持ち帰ることにした。この赤ちゃんはエノキ。国蝶オオムラサキの幼虫が食べることで有名だ。

ここまでが赤ちゃんの木と触れ合う、いわば準備体操。次に参加者を連れていった所は、たくさんの種類の木の赤ちゃんがいっぺんに見られる場所だ。

ここでじっくり時間をとり、いろいろな赤ちゃんを掘り取ってもらった。また、素焼きの小さな

親子で木の赤ちゃんを養子にもらう．大切に育ててほしいな．

鉢も〝スペシャル〟として配り、これにも赤ちゃんを植えてもらった。なんだか、ミニ盆栽のようになった。子どもが生まれたころの様子をお母さんが話し出したりして、親子の会話がはずんでいた。

最後に、森の中の広場に集まってもらい、用意したプリントを配って、今後の世話の仕方について説明した。

「自分が掘り取った赤ちゃんは、自分で責任を持って育ててください。この赤ちゃんがしっかり育つかどうかは、皆さんの世話にかかっています。

まず、置く場所ですが、雨がかからず、しかも日がよく当たる所に置いてください。赤ちゃんは普通お母さんの木のかげで育つので、雨粒は直接当たりません。小さな雨粒ですが、赤ちゃんにとっては脅威なのです。

次に世話ですが、一番大切なのは毎朝の水やりで

# 木のあかちゃんをつれてかえったら・・・

①

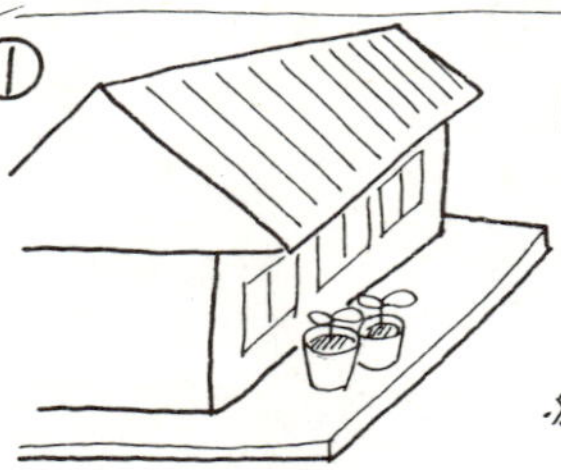

雨にあたらず、
日がよくあたる
ところにおいてください。

※雨つぶがあたると、あかちゃんが
ケガをします！

②

まいあさ、水をあげてください。

※はちの土は、すぐにかわいてしまいます。
1日に1回は、水をやらないと….

③ (ケヤキの場合….)

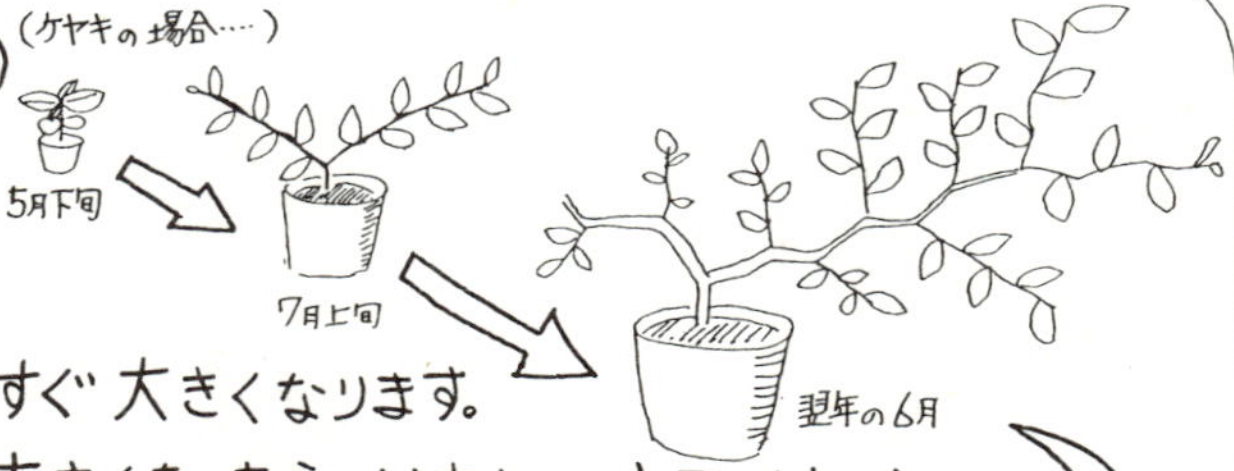


すぐ大きくなります。
大きくなったら、はちをかえてください。

④ 1〜3年たったら、地面《じめん》に
うえかえして
ください。

ケヤキ、
エノキ、
ハリエンジュ、
アオギリ…

コナラ、
シラカシ、
イロハモミジ…

A. Uehara 1996.6.8.

す。鉢はすぐ乾いてしまいますから、毎日やらないと枯れてしまいます。昼間やると、土全体が熱くなってしまうことがあるので、朝やってください。朝やるのを忘れたら、昼ではなく、夕方、あげてください。

また、赤ちゃんは世話さえすれば、どんどん大きくなりますから、大きくなったら、鉢を大きなものに換えてください。もし、鉢を換えるのが面倒だったら、地面に植えても構いません。また、最終的には、必ず地面に植え替えてください。早いもので一年、遅いものでも三年たったら、地面への植え替えをお勧めします」

中には家の庭に植えるスペースのない参加者がいるかもしれない。そんな人たちのために、何年か後に「家で大きく育てた木の赤ちゃんを植える会（植樹会）」を計画したらいい。

## ■——空き缶の中をのぞいてみよう

一九九五年、大阪で『自然観察会はじめの一歩』という（財）日本自然保護協会主催の研修会があった。研修会二日目の一一月一二日、万国博覧会跡地の公園で自然観察会をした。

ひっつきむし（セーターなどに付くたね）を探し、一株に何粒の〝ひっつきむし〟が付いているかを数えたりした後、公園に落ちている空き缶を集めてもらった。

散策路を見ても空き缶は見当たらないが、またたく間に三〇個ほどの空き缶が集まった。ポイ捨てする人は、林の奥の方に捨てているらしい。その缶を、まずはコーヒー、ジュース、コーラ、ビール……と種類ごとに分類してもらった。コーヒーの缶が多かった。

「これらの空き缶を捨てた人は、どんな人でしょう?」

分類した結果や状況証拠から犯人像を推理してもらおうというわけだ。

「子どもはコーヒーなんて飲まないから、大人でしょう」

「女性が飲んだのもありますよ。だって、缶の飲み口に口紅が付いていますもの」

この意見には、一同「お～!」

「そういえば、昨晩、この道端にたくさんの車が縦列駐車しているのを見ましたよ」

「この缶は、あそこの自動販売機で売っている銘柄です。私も昨日買ったから、わかります。いいえ、私は捨てていませんけどね」

いろんな意見が出たところで、持参した「空き缶の中から出てきたたくさんの虫」の写真（次ページ）を見せ、説明した。そして、集めた缶の中にも虫が入っていないか、調べてもらった。そしたら、まあ、出るわ出るわ、たくさんの虫の死体。圧倒的に多いのはダンゴムシの死体。それにまじってエンマコガネという死体掃除専門の小さな甲虫、エンマコオロギなどが見つかった。

「なんでこんなに多いんだろう」

「コーヒーは甘いから、その匂いに誘われて入るというのはわかるけど、なんで甘くもないお茶の空き缶にこんなに入っているんだろう?」

「ダンゴムシは落ち葉を食べるから、お茶っ葉のにおいに誘われたのかなぁ」

「この缶の中のダンゴムシ、かなりひからびているから、きっと、かなり前に入ってしまったんだろうね」

「ということは、この缶はず～っと前に捨てられたってこと?」

「この公園、あんまり掃除しないのかな?」

「毎朝、ほうきで掃除している人がいるみたいだよ」

「きっと目に付かない場所に捨てているんだよ」

「それが捨てる側の心理ってもんかなあ」

「ところで、エンマコガネは、きっとダンゴムシの死体を食べようと思って入ったんでしょうね」

「きっとダンゴムシの死体がこんなにひからびる前だと思うよ。エンマコガネは半なま状態の死体

ぼくが山道で拾った空き缶には，こんなにたくさんの虫が入っていた．たった１缶がこんなにたくさんの命を奪っている．

が好きだから…」

「そういえば、こっちの空き缶から出てきたダンゴムシはジトジトしていますよ」

「きっとエンマコガネの好物だろうね」

「ここではエンマコガネだったけど、場所が違えば缶に入る虫も違うのかなあ？」

「山道で拾った空き缶では、シデムシの死体が多かったですよ」

「あ〜！　もうクセになりそう!!　これから通勤途中でも空き缶が目に付けば拾って、中をのぞいちゃいそう。心配だなあ。どうしよう」

## ■——ベンチのお店屋さんごっこ

二月八日、家族でいちご狩りに行った。おなかいっぱい、いちごを食べたので、近くの小瀬スポーツ公園で散歩することにした。

ぶらぶら歩いて、ぼくと奥さんがベンチに座って休んでいると、ひろきとなつきが近くの茂みに入っていった。

「お父さんの横、お店屋さんね」

そう言って、なつき（当時三歳）が拾ってきたどんぐりを並べ始めた。それを見たひろきもさっそ

くマネし始めた。カシの小さなどんぐりばかりでなく、マテバシイの大きなどんぐりもあった。そのうち、

「お父さん、こんなのがあった！」

と、ひろきが持ってきたのは、黄色い大きなまゆ。きっとヤママユガ（＊）のものだろう。へ～、こんな所にヤママユガの幼虫がねえ…。大きないも虫が公園の木の枝をのっしのっしと歩いている姿を想像したら、なんとなくおもしろくなってきた。

「よし、お父さんも探してみるか！」

ビニール袋を用意して、二人の子どもと一緒に茂みに入った。少し歩いていくと、マテバシイのどんぐりがたくさん落ちている広場に出た。シメシメ。このどんぐり、ちょっと煎って食べると、おいしいんだよね。殻は堅いけど。ビニール袋いっぱいになるほど拾った。ひろきやなつきも手伝ってくれるのだけど、他の種類のどんぐりや食べられそうもない小さいのまで拾うので、教えるのが大変だ。そのうち、明らかに何か動物が割ったと思われるマテバシイのどんぐりを見つけた。いったい、誰がこの堅いどんぐりの殻を割り、中身を食べているのだろうか？

アシナガバチの巣も見つかった。こんな公園なのに、どんどん発見が続く。

＊翅を広げた大きさが（いつも翅を広げて止まるんだけど…）大人のてのひらくらいの大型のガ。パタパタと迫ってくると、ホント迫力がある。

公園の茂みの中でどんぐり拾いをするひろきとなつき．
ビニール袋いっぱいになった．

ベンチの上のお店屋さん．左からペリット，アシナガバチの巣，
ヤママユガのまゆ２つ，松ぼっくり２つ．

極めつけは、消しゴムほどの大きさの灰色のかたまり。よく見ると、小さな動物の骨らしきものが見える。これは、ペリットと呼ばれ、猛禽類（ワシ・タカ・フクロウ…）などの鳥が餌を引きちぎって飲み込んだ後、未消化部分をまとめて、口から「おえ～っ」と吐き出したものだ。後から来た妻に説明したら、

「ということは、この公園に猛禽がいるということ?」

ふむ。そういうことになるなあ。こんなに整備された公園に猛禽? なんだか不似合いだが、ぼくらが気が付かないうちに〝人工的〟と思われる所に、いろんな〝自然の〟生き物が住み着いているのかもしれない。

第2章

# 街中の川で自然観察

両側がコンクリート（川底までがコンクリートっていうひどい川もあるけど）、たくさんのごみ、水質の悪さ。

ぼくはこれらを〝川の三重苦〟って呼んでるけど、三重苦に悩んでない川が身近にありますか？

でも、あきらめないで！　苦しみながらも、どっこい生きてる川もあるんだから。

そう、ぼくと四年一組の子どもたちが夢中になった塩川のように……

## ■——それは魚の大量死から始まった

「先生、あそこ！　魚が死んでる！」

「ここにも！」

「こっちにも！」

「す、…すごい数だ〜！」

小学校四年生の理科には、四季折々の自然を観察しようという勉強がある。ぼくは、今年一年、子どもたちと一緒に学校から歩いて一〇分で行ける塩ノ山に通ってみようと決めていた。塩ノ山はふもとから歩いて三〇分もあれば頂上についてしまう。ちょうど街という海にぽっかり浮かんだひょっこりひょうたん島みたいな（ほんとにそんな形をしている）山だ。山のほぼ全域が林になっている。そうそう。JR中央線の下りに乗ると、塩山の駅をちょっと過ぎたころ、北側によく見えるよ。

六月一〇日。塩ノ山に向かう途中、塩山橋からひょいと下を見たら…、次から次へと、たくさんの魚の死体が流れてくるではないか！　少し上流では、一人のおじさんがはしごを使って水際まで降り（コンクリートで護岸工事されているので、こうしないと下に降りられない）、魚をすくってはバケツの中に入れていた。子どもたち、さっそくおじさんの所に走っていった。

「おじさん、塩川の魚、どうして浮かんでるの?」

「どうも、モモかブドウの消毒用の機械を川の中で洗ったらしいんだ。機械の中に残った農薬で水が濁って、魚がたくさん死んで流されてくるじゃないか。かわいそうだから、こうやって少しでも助けてやろうって、がんばっているところだよ。夕方には、もう水もきれいになると思うから、そうしたら、川に戻してやろうと思ってね」

おじさんから事情を聞くと、子どもたちはさっそく魚救出の手伝いを買って出た。

これが、ぼくや四年一組の子どもたちと塩川との「出会い」だった。

校区の中を流れる川だ。子どもたちが塩川を見たのはこれが初めてではない。通勤途中、ぼくも毎日、この川を見ていた。だが、コンクリートで両側が固められ、ごみがやたら目に付き、水もよどんでいるこの川に、こんなに多くの生き物がいるなんて思ってもみなかった。

皮肉なことに、多くの魚が死んで初めて塩川の「豊かさ」に気付かされたわけだ。

魚救出ボランティアを始めた子どもたち

塩川で泳ぎ始めた子どもたち．やっぱり川って魅力あるんだね．

## ■——塩川とつきあい始めた子どもたち

農薬が流れているかもしれない川に子どもたちを入れるわけにはいかない。そこで、後日、塩川に入る時間を必ず取るからと約束し、その日は水に入らずにできることをさせた。

日を改めて、塩川に入る機会を作った。半ズボンに古ズックをはかせ、素足では入れなかった。ガラスの破片などが心配だったからだ。サンダルも禁止した。流されやすいからだ。ついでに、深いところでは使えない長靴も不許可。

始めのうちはおっかなびっくりだった子どもたちも次第に大胆になってきて、女の子たちもパンツまでびっしょり。なんとこの汚い川で泳ぎだす男の子まで出てきた。ぼくは

「頼むから、顔だけは入れないで!」

と大きな声を上げた。

　近所の人たちも子どもたちの歓声を聞いて、様子を見にきた。

「この川に、河川清掃以外で人が入るなんて何年ぶりだろう」

と、感慨深く言ってくれる人から、

「汚い川だから、早く出なさい」

と説教する人まで様々だった。

　子どもたちは生き物を探すのに夢中になった。何かおもしろいものを探しては、ぼくの所に持ってくる。アブラハヤ、ヨシノボリ、シマドジョウ、オニヤンマの幼虫…。わりと清流を好む生き物が多かったので、

「これは安心して、子どもたちを遊ばせることができるな」

と、うれしくなった。帰り道、子どもたちは
「また塩川で遊びたいね」

と口々に言っていた。

■――何が塩川を汚しているのか

塩川の魚取り大作戦．古ズックをはいているのは安全対策．
サンダルも長靴も川遊びには不適当だ．

「上流にし尿処理場があって、その排水が流れ込んでいるので、塩川に入らせるのはいかがなものか？」

父母の中に、そんな心配を寄せてくれる人がいた。親としては当然の心配だ。清流を好む生き物が多く見つかったことで、自信を持って「塩川で遊んでも大丈夫です！」と連絡帳に返事を書くことができたが、この「心配」を「教材」として使わない手はない。何が塩川を汚しているのか、追求する糸口になるだろう。

名前は伏せて、子どもたちにこの連絡帳を読んで聞かせた。

「え〜、きったねえ！」

「うんこが流れてるの?!」

と、大パニック。それが落ち着くのを待ち、

「みんなぁ、塩川で遊びたい?」

と聞くと
「うん…でも、汚い川じゃ嫌だなあ」

という。そこで、

「だったら、し尿処理場に行って、直接、事実を確かめてみたら？　それから、今後、塩川とどう付き合っていくか決めても遅くないと思うよ」

と話した。子どもたちも納得し、さっそく希望者十人ほどで、放課後、処理場に出掛け（あらかじめ、ぼくの方で電話をかけ、子どもたちがおじゃますることだけは伝えておいた）、係の芹沢さんから説明を受けた。芹沢さんは排水口まで子どもたちを連れていって、汚水は一切、川に入っていないことを説明してくれたという。

　安心したぼくらは、また、塩川に出掛け、魚取り大会をしたり、ペットボトルを利用した仕掛けを作って水に沈め、魚がかかるのを待ったりした。

　遊びながらも、子どもたちは水の汚れが気になるらしく、しきりに汚染源を探そうとしていた。川に開いた幾つかの排水口。その下によだれがたれたような跡が付いている。それを見て、「これかなあ？」などと友達と話していた。

「塩川の水を汚しているのが、し尿処理場ではないとすると、いったい何が塩川の水を汚しているんだろう？」

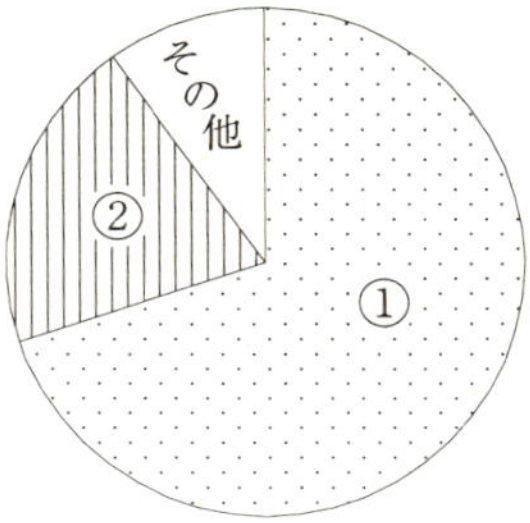


油 200m$l$, 牛乳 200m$l$,
みそ汁 200m$l$, 米のとぎ汁 2$l$,
ラーメンの汁 200m$l$

そこで、授業でも「川の汚れ」を取り扱うことにした。七月の授業参観で、お母さんたちと一緒に考えた。

まず、右上の図のような円グラフを見せ、①②のどちらが家庭から出る汚れかを予想してもらった。川の汚れの七割が生活系（＝家庭雑排水）であり、産業系（＝工場からの排水）は二割にすぎないことを知り、子ども以上にお母さん方が驚いていた。（参考：環境庁「環境にやさしい暮らしの工夫」（一九八九））

次に、左上の五つを川を汚す順に並びかえるとどうなるかというクイズをした。

子どもたちの予想は、一位はダントツで油だが、二位以下は意見が分かれ、それでも多数意見は、二位・みそ汁、三位・米のとぎ汁、四位・ラーメンの汁、五位・牛乳だった。

正解は上の順番のまま。一番水を汚すのは油で、油二〇〇ミリリットルを魚が住めるほどきれいにするためには、じつに二万六千リットルもの水が必要だという。これは一般家庭の風呂おけ一三二杯分だ。

## ■――塩川のごみ調べ大作戦

一方、塩川に行くたびにごみの多さが気になった。子どもたちの多くも、ごみの少ない塩川にしたいと作文に書いていた。

そこで、九月に四年生全員で「塩川のごみ調べ大作戦」を行った。塩山橋上流二四〇メートルの区間を班で分担してごみを残らず全部拾い、それを空き缶、空きビン、たばこの吸い殻、紙ごみ、ビニールごみ、発泡スチロール、プラスチックごみ、生ごみ、木、鉄、ゴムの一一に分類し、個数を数えた。

ごみ拾いではない。ごみ調査というところがミソである。何がどれくらい多いかを調べることで、どんな人が捨てているか推測できるのではないか。そうすれば、塩川のごみを減らす有効な手段が打てると考えたわけだ。

塩川のごみ調査大作戦．目的はごみの種類別個数をカウントする調査だが，結局，川はきれいになる．

実際に作業をやってみると、本当に多様なごみが見つかった。その中でも、大きな肥料袋など農業関係のビニール袋がだんぜん多かった。意図的に川に捨てているとは考えられない。畑に置いたものが風で飛ばされたりしたのだろう。巨大な鉄骨や生ごみ入りのビニール袋まであった。

結局、塩川のごみのほとんどは、大人起源と考えられるものだった。子どもではない。大人が問題だったのだ。

## ■――塩川の将来を考える塩川サミット

この塩川に河川改修の計画があることが判明した。古い石垣にコンクリートをかぶせ、岸を今以上に垂直にして、道路の幅を広げるのだそうだ。今回、工事する箇所は塩川の岸で一番低い所なので、護岸を高くし、この部分に集中する水害を防ぐのだという。確かに岸が低いということは水害を受けやすいということだが、この場所は、子どもたちにとって、唯一、飛び下りないでも水際に降りられる場所でもある。なんとかならないものかと思った。

子どもたちは、魚たちの肩を持っている。また、生き物がたくさんいて、遊んで楽しい川の姿を望んでいる。だから、この計画には絶対反対。だけど、道幅を広げたい、洪水の心配をなくしたいという周辺住民の願いも考えてもらいたい。住民の暮らしの向上を願う市役所の立場もある。そこで、子どもたちが扮する、様々な立場（魚、草花、子ども、住民、市役所、……）の代表が集まったという設定の、ロールプレイングの会議を開くことにした。題して『塩川サミット』。

まず、立場ごとのグループに分かれて、塩川に出掛け、例えば、塩川にどんな草花が生えているか調べるとか、塩川の近くに住んでいる人たちにインタビューするとかのフィールドワークを行った。

それをもとに、グループごとの意見をまとめ、発表原稿を作っていった。

サミットでは、まずグループごとの意見を発表し、それから塩川の河川改修について、意見を交わした。紙面が限られているので詳しい内容はとても書いていられないが、絶対反対という大勢に市役所グループが果敢に反撃したりして、とてもおもしろい展開になった。

このように、塩川をめぐって、理科や社会といった教科ではくくりきれないような様々な学習活動を展開することができた。ぼく自身にとっても、いい勉強になった。新しい教育課程で導入が決定された〝総合的な学習の時間〟では、まさにこんな学習ができるんだろうな。

塩川フィールドワーク．近所のおばさんから昔の塩川と人との関わりを聞いた．「昔は食器や野菜を塩川の水で洗ったんだよ」

■——魚の群れが、次から次へ——常永川観察会

塩川でおもしろい経験ができたものだから、それ以降、ぼくの川を見る目が変わった。たとえ両側がコンクリートであろうと、たとえ水が汚なそうであっても、たとえごみがたくさん捨てられていても、何かがいるに違いない。そいつに出会ってみたいという気持ちが強くなった。そして、いろんな川に出掛けては水に入り、網を振り、仕掛けを沈めるようになった。

例えば田富町の常永《じょうえい》川。この川は新興住宅地や流通団地、国道のすぐ脇を流れている。両側はコンクリートでごみも多く、典型的な都市河川。まわりの環境も含め、決して自然の豊かな川ではない。皆さんの家のすぐ近くにも、こんな川、いくらでもあると思う。

田富町には『まちづくり時習塾』という市民グループがあって、休耕田を借り、池を作ってメダカを放したり、無農薬で米づくりをしたりと、とても楽しい活動を展開している。この時習塾と一緒に観察会をやったコースに、たまたま常永川の土手が含まれていた。五月二五日のことだった。

クワの木に紫色のおいしい実がたわわになっているのを発見したり、運送会社の屋根にコサギがいるのを望遠鏡でながめたりしながら土手を歩くうちに、無性に土手下二メートルの川に降りたくなった。だって、たくさんのごみが目につく割には、都市河川特有の変なにおいがしないんだもん。長めの長靴を履いてきていることもあって、「えい、やあっ！」と飛び降りてしまった。

常永川．すぐ手前を国道が走り，コンビニ，ファミリーレストラン，
ホームセンターなどが並んでいる．

川の中に降り立っても変なにおいはしない。岸近くの石を持ち上げてみると、モノアラガイやヒルがたくさん付いていた。草むらの陰を見ると、魚の赤ちゃんやらドジョウらしき魚影も見える。

「わっ、貝がいっぱい」「おっ、魚がいるゾ」一人ではしゃいでいたら、子どもたちが黙っていない。困ったのは時習塾会長の名執義高さんだ。このまま子どもを川に投げ入れるわけにもいかず、どこからともなくはしごを探してきてくれた。これで安全に川に降りられる。

恐る恐る入る子どもたち。そこに、なんと一〇匹ほどの魚の群れが上流から下ってきた。メリーゴーランドみたいに魚たちがくるくる回りながら来る。これにはびっくり。一つ目の群れはあれよあれよと思う間に川下に行ってしまった。そのうち、次々と群れが下ってくるではないか。子どもたちは魚を捕まえようと必死に網を振り、そのうち、もう濡れるのも気にならなくなってしまった。夢中になって、魚を追い掛けていた。後で調べたら、これはギンブナの産卵シーンだったようだ。山梨では、ギンブナの雄は見つかっていないというミステリアスな話もついていた。

魚の群れに驚喜乱舞しているうちに、今度は一匹の大きなヘビが川を横断し始めた。まったく役者が次から次へと登場するもんだ。ところが向こう岸についても、護岸のコンクリートの壁は垂直に近いし、高さもある。登れないでアタフタしていた。ぼくは走っていって、このアオダイショウ君を捕まえ、みんなの元へ持っていった。

「さわってごらんよ」と言うと、「キャー」といって尻込みする子どもたち。でも、そのうちに何人かが、恐る恐るさわり始めた。

「ぬるぬるしてると思ったけど、ぬるぬるしてな

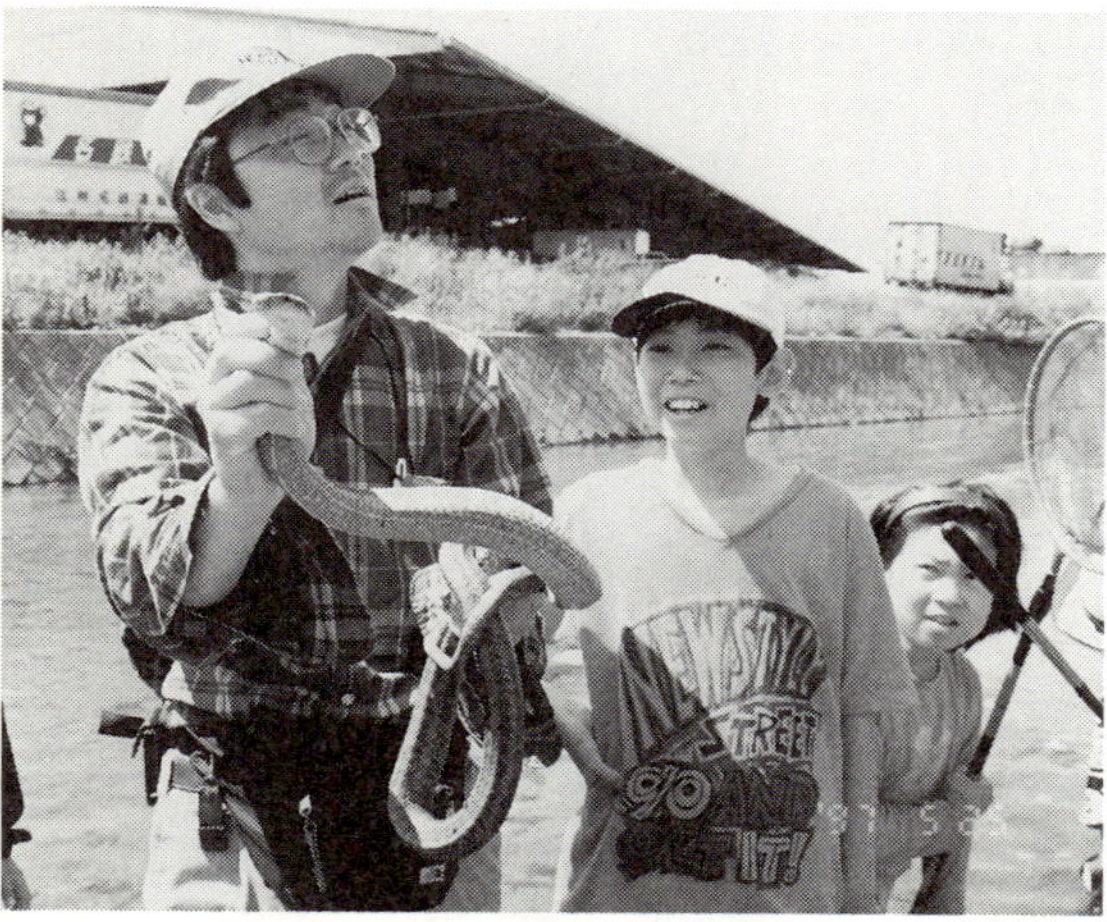

川を横切ろうとしていた大きなヘビ君.
あえなく捕まった. (名執真理子さん撮影)

い！」

「あ、あったかくない。冷たいよ」

「ヘビの胴体はどこまでで、しっぽはどこからか、わかる？」

頭の中で考えるとわかりづらいが、ヘビをおなか側から見ると、分かれ目がはっきりわかる。そんなことを観察した後、向こう岸の護岸の上に投げ上げてやった。これで土手に登れたには登れたけど、ここは運送会社の敷地。ここでちゃんと生きていけるかなあ。心配だ。

川の中を歩いていると、何箇所か、明らかに水の冷たい所があった。そこにしゃがみこんで、水が澄むのをジッと待っていると、水底の砂がサワサワと動いている。湧水だ。そうか、街中を流れるこの川は、この湧水によって清められていたんだ。それで変なにおいがしなかったんだな。頭の中で、山に降った水が川となり、その何パーセントかが地下水となって甲府盆地の下を流れ、その一部が、今、まさにここから湧き出ている様子がはっきりとイメージできた。そう言えば、ゲンジボタルのタイプ標本（その生き物の基準となる標本）は、田富町のお隣の昭和町産という話を聞い

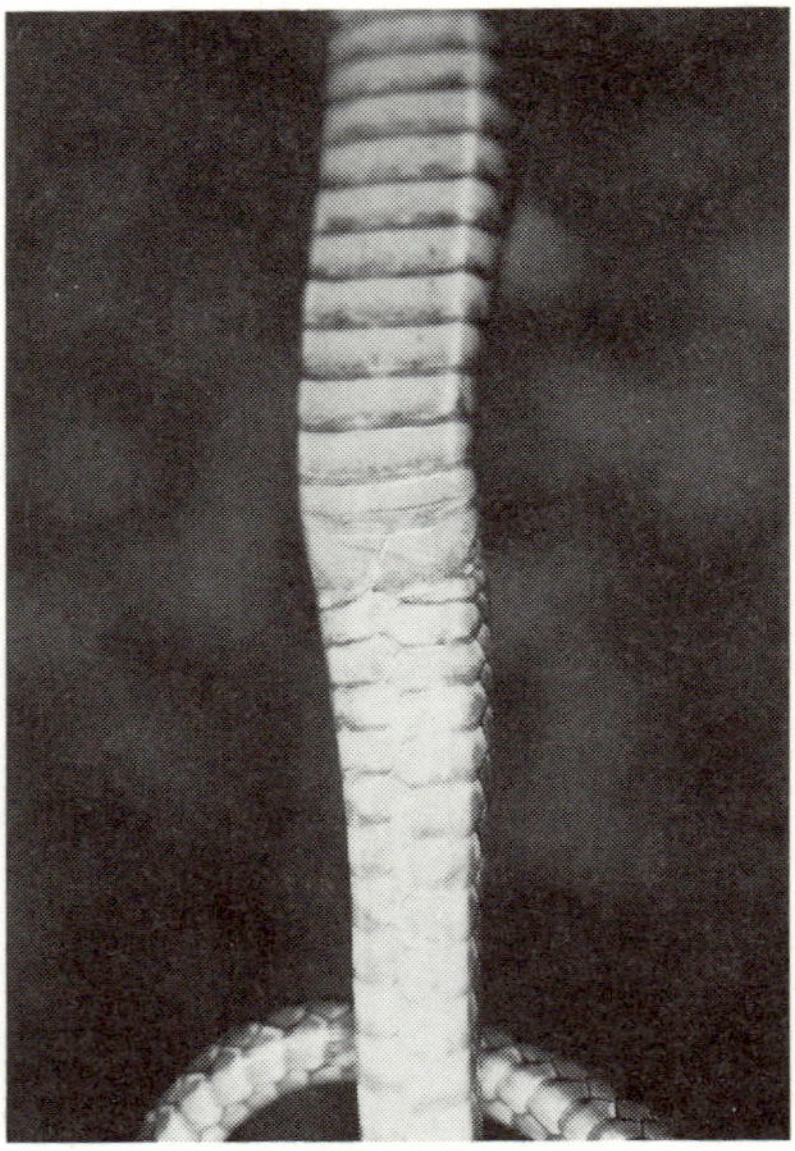
ヘビのお腹はどこまでで
しっぽはどこからか わかる？

たことがある。きっとゲンジボタルも、この湧水によって育まれたに違いない。

## ■――常永川水族館

常永川での観察会は、もう四回目。やるたびに、新しい発見があって、そのたびにコンクリート漬けのこの川を見直している。

二回目の観察会は八月一七日。この日は、田んぼに水を引いているせいか水量が少なく、小さな子どもも安心して川遊びができた。川に降りていきなり、名執さんが〝四つ手網〟で一メートル近いコイを捕まえ、みんなびっくり。その他にも、コオイムシ、カワトンボのやご、シオカラトンボのやご、アメリカザリガニ、シマドジョウ、オイカワ、アブラハヤなど、いろんな〝獲物〟が手に入った。さんざん遊んだ後、土手に登って、木陰で〝水族館ごっこ〟をした。

アウトドア用のテーブルの上に水槽を置き、これに電池式のエアーポンプをセットし、取った生き物を入れて、みんなで横からながめたのだ。魚は上から見ると、どれも濃い灰色に見えるが、横から見ると、体格の違いもひれの違いも色の違いもよくわかる。オイカワなんて、虹色に光っているようで、熱帯魚と比べても見劣りがしないくらいだ。

最後に、観察会のまとめとして、

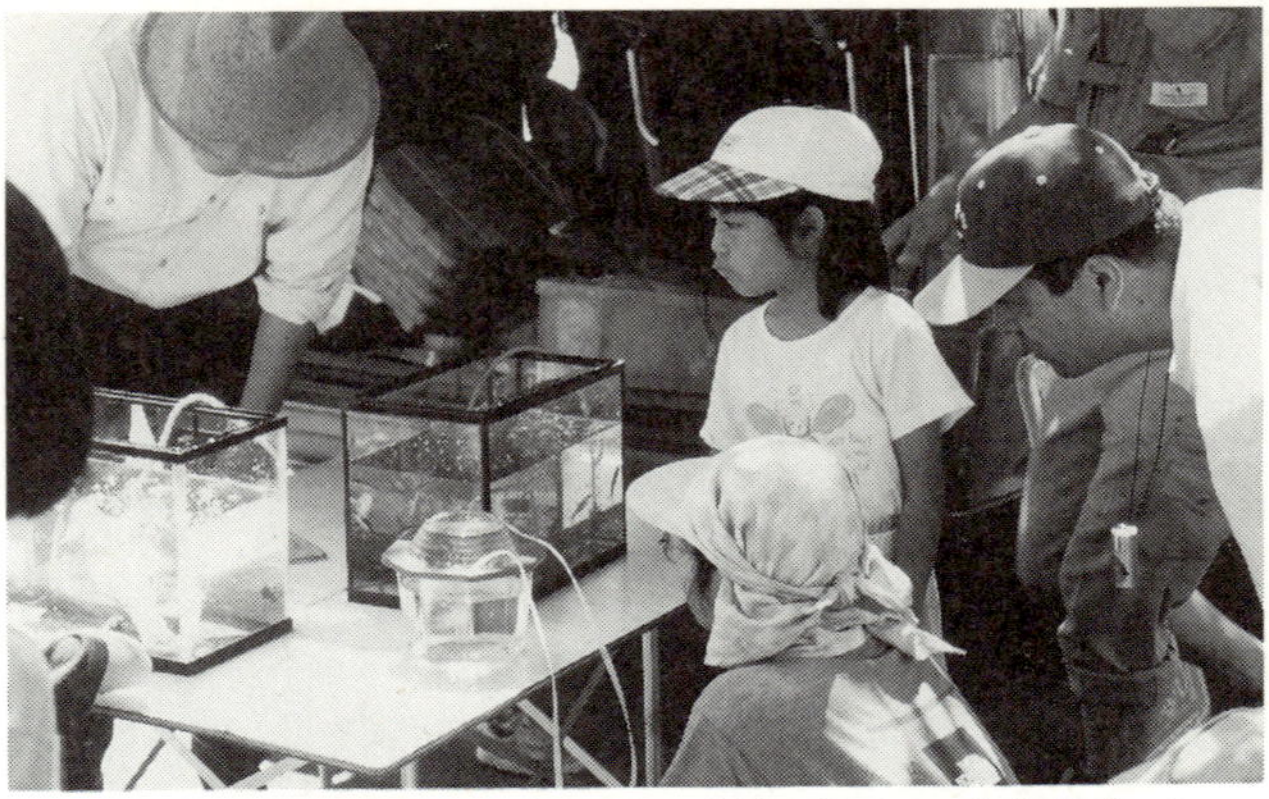

キャンプ用の折り畳みテーブルの上に水槽を並べて，水族館ごっこ．
エアーポンプを使わなかったころは，弱る魚が多かった．

「常永川ってどんな川？　気が付いたことをどんどん言ってください」と質問した。

「両側がコンクリート」

「水の深さがどこもおんなじ」

「まっすぐ流れてる」

「土手の下がいきなり水になってる」

「そのほかにも、川に木がない——というのも特徴でしょうね。じつは、自然の川というのは、これとは逆です。深い所もあれば浅い所もある。曲がって流れている。土手があって、川原があって、浅い所があって深くなっていく。川原にヤナギなどの林がある——というのが、ほんとの川の特徴です。

でも、これだけ人工的な常永川にも、こんなにも生き物がいるんですものね。皆さん、ぜひ、常永川を見捨てないでくださいね」

誤解のないように言っておくが、だからといって川をコンクリートにしても大丈夫だなんてことを言うつもりはない。川の生き物たちは、住んでいる川の質が悪くなったからといって、空を飛んで隣の川に移ることはできない。死に絶えるか、たくましく生き残るしか、選択肢はないだろう。結果的に、しぶとく生き残っている生き物しか観察できない。

ぼくが言いたいのは、それでも三重苦に苦しんでいる川を見捨てないで付き合ってみよう、そうすればきっと川に愛着を感じ、川を大切にしたいという気持ちがあなたの心の中に芽生えるだろうということだ。

## ■——ナチュラリストが歩くと自然はよくなる

三回目は次の年の五月二四日。ギンブナ産卵シーンのリバイバルを狙っての観察会だったのだが、この日は異常に寒くて、おまけに雨まで降り出す、川遊びにはあいにくの天気だった。それでも、いろんな獲物が捕れた。中でも一番の人気者はゲンゴロウだった。カレースプーンの頭くらいの大きさ。でっかいでしょう。大人も含めて初めて見る人が多くて、感動していた。

今回のゲストはやまなし淡水魚研究会の清水誠さん。水族館ごっこでは、生まれたばかりの小さな魚の種類まで断定しちゃうんだから、スゴイ! 口に小さなヒゲがあるタモロコ、体の大きなウ

「今日はどんな生き物に出会えるかな？」
常永川観察会は，いつもワクワクだ．

グイも捕れていたことがわかった。

四回目は八月一六日。じつは、ぼくらファミリーは、常永川観察会の〝皆勤賞〟だったのだが、今回に限り〝コブ無し参加〟。おかげで（？）、じっくり観察できた。

川にハシゴで降りたら、羽の真っ黒なトンボや小さくてか細い黄色いトンボ、たくさんの白いちょうちょに迎えられた。子どもたちはさっそく魚取りを始めた。ぼくはというと、川に捨てられたありとあらゆるごみや、セリの葉っぱにいたキアゲハの幼虫なんかの写真を撮っていた。

今回のゲストは、やまなし淡水魚研究会の村松正文さん。ぼくは、〝魚観察の達人〟がいったいどんな行動をとるか、横目でチラチラ観察していた。

まず、道具が違う。他の人の網は、柄の部分がなんともきゃしゃで、網は白か青だが、村松さんのは柄がすごく太くて、おまけに網はにぶい黒。「白か青の網だと、魚によく見えますから網を避けて泳いでいってしまいます。目立たない黒の網を使わなくてはだめです」

なるほど！

魚の捕まえ方も違う。「川岸で（水）草が生えている下」というねらうポイントは同じだが、ぼくも含めて多くの人が草の下に網を入れてガサガサ動かしているのに対し、村松さんは、網は動かさないで、足を「どじょうすくい」のように動かして、網の中に魚を追い込んでいる。

もう一つ、気付いたのは、腰のビニール袋。いったいどんな〝魚取りグッズ〟が入っているのかなと興味津々だったのだが、どうも袋がキタナイし、妙に膨らんでいる。そのうち、アッと気が付いた。川の中のごみを拾って入れていたのだ。柴田敏隆さんという〝自然観察の達人〟が、ナチュラリストの条件の一つとして「ナチュラリストが歩くと、自然がよくなること」を挙げているが、まさにこれを実践（しかも、さりげなく）していたのだ‼

## ■——缶入りザリガニ

「よし、自分も！」と、いったん岸に上ってビニール袋を用意した。ごみの中で一番目につくのは空き缶だった。一つ目を拾って、ちょっとながめた。

「以前、拾った空き缶の中に虫がいっぱい入ってたことがあったよなあ（くわしくは43ページを読んでね）。空き缶って、よく見ると、入る所が狭くて、魚を捕まえる〝仕掛け〟に構造がよく似ているよなあ。これはもしかして……?!」

腰に付けていた多機能ナイフを取り出し、付属の缶切りでふたを切り取った。中には泥や砂がたくさん入っている。それを網の上から空けてみた。そしたら、網の中にカワニナや砂に混じって、アメリカザリガニの姿があるではないか。やったね！　しかも、一発目で!!

いやー。おもしろい。ザリガニの大きさは、どう見ても缶の入口の数倍ある。ということは、ザリガニがまだ小さいうちに入って、そのまま住みつき、缶から出られないくらい大きくなってしまったということなのだろう（敵からは隠れられると思うけど、食べ物はどうするの？　結婚相手を

“缶入りザリガニ”．このままだったら，将来どうなるんだろう？　（名執真理子さん撮影）

アメリカザリガニの“進化形”?!

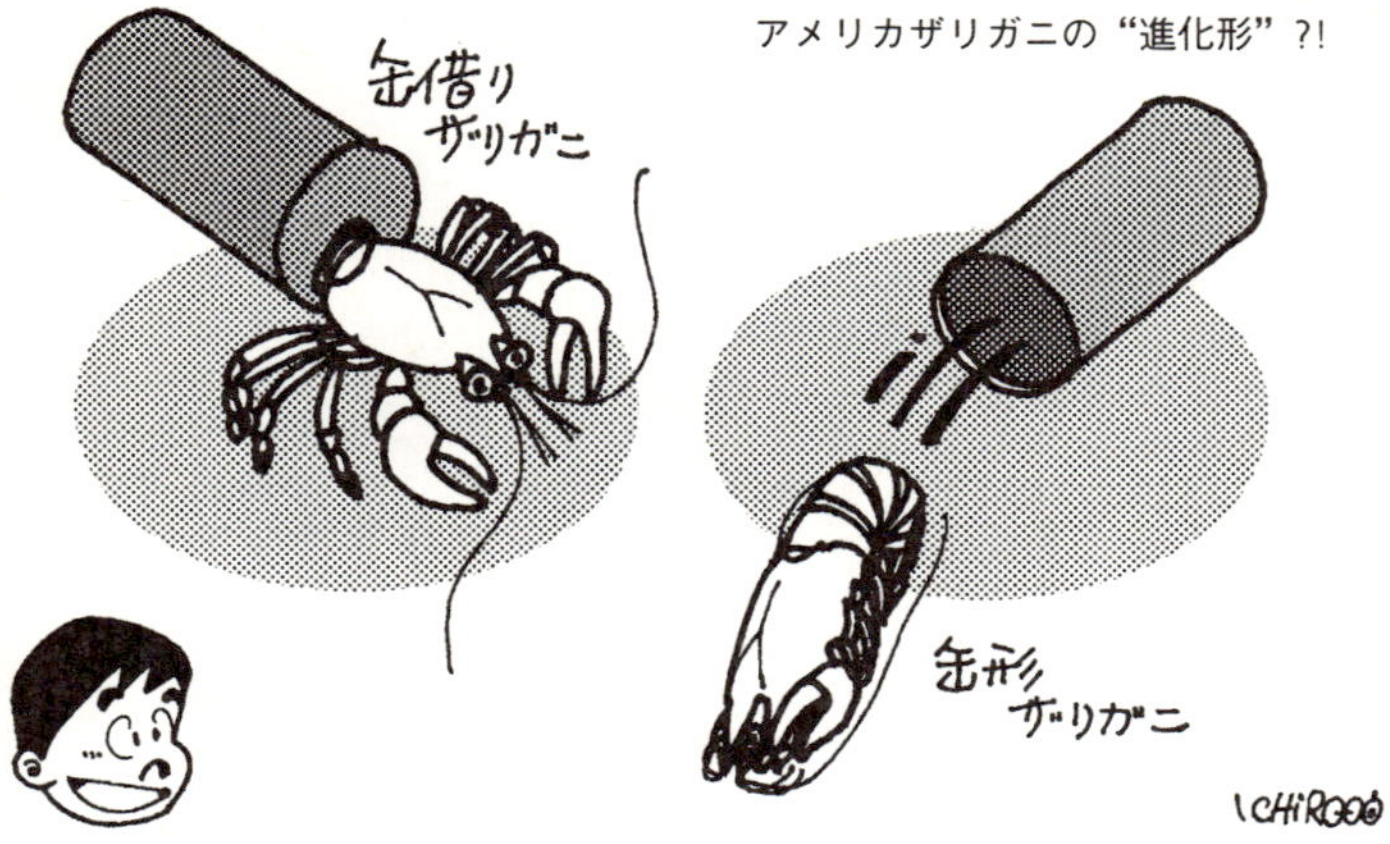


探すのは？　そもそも、中にいるばかりで、外に出ようとは思わないの？）、いろんな〝？〟が頭の中でクルクル回転し始めた。

何個か確かめるうちに、コツもわかってきた。まず、中に何が入っているかわからないので、念のために網を下にして、缶の中身を出す。出にくかったら、水を入れて、ちょっと振って出す。これを何度か繰り返し、中のものを完全に出してしまう。そしたら、缶の口に耳を当てて、中から音がしないか確かめる。音がしなかったら、何も入ってないので、そのままごみ袋に入れる。カサコソと音がしたら、缶切りで開けてみる。すると、中からザリガニが出てくるという寸法だ。これだと、拾った全部の缶を開けてみる必要がないので、省エネにもなる。

結局、三一個拾った空き缶のうち一一個からザリガニが発見された。すごい確率だと思いませんか？　ザリガニが欲しいと思ったら、ことは簡単。空き缶を拾えばいいわけだ。

「このままザリガニが大きくなったら、どうなるんだろう?」

「空き缶形のザリガニになるのかな?」

「そのうち、ヤドカリみたいに空き缶を貝がら替わりに使うようになるんじゃないの?」

そんな冗談とも本気ともとれるような話も飛び出し、盛り上がった。

第3章

# 街の中の“自然”さがし

街の中での自然観察といっても、コンクリートジャングルだの、東京砂漠だの、サラリーマンの夜の生態だのを観察するわけではない。

街の中になんか自然はない！　と簡単に割り切らないで、他の場所と同じように、「自然観察をしよう」「なんかないかなあ」という目で見てみようということだ。

## ■──街の中でも、意識的に観《み》てみよう

三月七日。甲府で『全国ボランティアコーディネーター研究集会』というのが大々的に行われた。で、観察会とボランティアコーディネーターとどういう関係があるのか、自分でもよく理解できないまま、一つの分科会で自然観察会を（コーディネート）するはめになってしまった。

室内で自己紹介とオリエンテーションをし、やり方を説明した。

「山梨県のボランティアセンターは、甲府の街中にあります。では、センターのまわりでどんな自然を見つけることができるでしょうか？　確かに街中ですから、たいした自然は発見できないかもしれません。でも、ぼくにとって、ボランティアセンターは、夜来て、部屋の中での会議が終わったらすぐに帰る所です。まわりの景色や自然なんて見ていません。ちゃんと見てもいないのに『街中なんだから、自然なんてない』と断言できるでしょうか？

皆さんの職場も、同じようなものだと思います。職場のまわりの自然を意識して見たことがありますか？　また、ご自分の家のご近所の自然、意識して見たことがありますか？

この分科会では、センターのまわりの自然を意識して見ようとすると、どんなものが見えてくるのか、皆さんと体験してみようと思います。とりあえず、こんなカードを持ってきました。このカードはビンゴになっています。書いてある九つのものを探しながら、甲府の街中を散歩してみまし

よう」
配ったビンゴカードの課題は次の通り。

■全国ボランティアコーディネーター研究集会98・1998.3.6. 甲府■

## 自然かんさつビンゴ!

お名前　(　　　　　　　　　　)

＊できるだけ多くのものを見つけて、ビンゴをたくさん作りましょう。
＊見つけたものが、持って行っても大丈夫と思えたら、持ってきてください。
＊全部のものがみつからなくても、時間になったら集合場所に行きましょう。

見つけられたら、このマスにチェックしよう

| | | |
|---|---|---|
| □ ビロードのような葉っぱ | □ こっけいなもの・変なもの | □ 鳥の落とし物 |
| □ 外国とのつながりを感じるもの | □ 夏の忘れもの… | □ 心くばりがゆきとどいている場所 |
| □ 鳥 の 巣 | □ いいにおい（何のにおい？） | □ 春を感じるもの |

Copy Right：植原　彰（ＮＡＣＳ－Ｊ自然観察指導員）

これを配ったら、「後は個人個人で（勝手に）お願いしま～す」

ぼくは後ろからのんびり歩きながら、参加者同様、おもしろそうなものをのんびり見つけていった。

みんなが帰ってくる時間になった。そろったところで、見つけたこと・気付いたことを発表してもらった。

「交通量の多い通りの中央分離帯の木に鳥の巣があった」

「民家の軒先に風鈴がかざってあった」

「外国産のタバコばかりが並んでいる自動販売機を見つけた」

「ウメの花の香りで春らしさを感じた」

など、いろんな気付きがあった。

その後、全員で、それらの気付きについての〝なぜ〟に思いを巡らせた。

「交通量が多く、人が近付かないから、中央分離帯の樹木は、鳥の安住の地になっているのかもしれない」

道路の中央分離帯に植えられた木々に小鳥たちが集まっていた．車通りの激しさを我慢すれば，そこは人っ子一人寄りつかない鳥たちの天国?!

「外国産のタバコは国内産より高価。外国産タバコを好む人の在住率や高所得者が多いのでは?」

など、活発な話し合いとなった。

## ■――甲府の駅前通りで見つけたもの

その後、ビンゴを持って歩いた所に、もう一度、今度は全員で繰り出した。センターのベランダに出たところで、もう「びっくり」に遭遇。上空から鋭い鳴き声が聞こえたので見てみたら、チョウゲンボウという小型のタカが旋回していた。紹介したら、

「へー、こんな街中にタカが?!」

驚かれるのも無理はない。確かに人も車も多くて気ぜわしいが、エサとなるスズメなどの小鳥はたくさんいるし、ビルのひさしや屋上は、本来チョウゲンボウが巣を構える岩の崖にそっくりの形や質感だ。それで、何年か前から甲府の街にはチョウゲンボウが住みつくようになった。大泉村では小学校の夜間照明に巣を作っているのを見た。

次に、ベランダで見られる「鳥の落とし物」を観察した。鳥のふんには黒っぽい所と白っぽい所がある。これが鳥の特徴で、白い所がおしっこ、黒い所がうんちだ。鳥はおしっことうんちを一緒にする。だから、このような黒白まだらの落とし物が見つかったら、それは鳥のものと断定してよ

い。

　鳥のふんをいくつか探してもらい、何が含まれているか観察してもらった。いくつかから丸い粒が見つかった。

「これは何でしょう?」

「たねのように見えますけど……」

「確かに植物のたねのように見えます」

「何のたねなんですか?」

「どうしたら、わかるでしょうか?」

「……?」

「簡単です。これを植えて育ててみればいいんです。大きくなって、花が咲き、実がなれば、このふんをしたのと同じ鳥がきっと食べに来ますよ」

　ベランダだけで、だいぶ時間を使ってしまった。外へ出た。車道と歩道の境に沿って街路樹が植えてあり、その下に生け垣があった。剪定された生け垣の中から、一本、細い枝が飛び出している。

ぼくが鳥のふんから育てた植物．ここまで大きくなって，ようやくツタだとわかった．
へ〜，ツタの実を食べていたのか．

「何の木でしょうか?」

「葉っぱを少しだけちぎって、においをかいでみましょう……何のにおいがしますか?」

「なんかちょっとくさいような…」

「このにおい、どこかでかいだことあるんだけど……思い出せない」

「これ、夏ミカンのにおいだ!」

「そうそう。みかんの皮のにおいよ」

生け垣から飛び出していたのはミカン(の仲間)の木。だけど、どうして、こんな所にミカンが⁇

大通りとの交差点に差し掛かった。大きなケヤキの街路樹があって、その下には比較的広い範囲で土が見えている。落ち葉も積もっていた。それを少しずつめくってみると、表面はカラカラに乾いているのに、だんだん湿っぽく黒っぽくなってきた。おまけに、下にいくほど繊維がボロボロになっている。何気なく、においをかいでみて、びっくりした。森の中の土と同じにおいがするのだ。

ぼくは興奮しながら、

「皆さん、ぜひ、においをかいでみてください。森の土と同じにおいがしますよ!」

いろんな役者たちの、予期せぬ行動も楽しかった。

歩道橋の上では二羽のハトが何やらいい雰囲気。お互いのうなじの辺りをくちばしで毛づくろいしていたと思ったら、なんと白昼、大通りのまさにド真ん中でキス！　そしてベッドシーン（交尾）。目のやり場がなかった。

公園のケヤキの木では、カラスが巣作りの真っ最中。盛んに枝なんかを運んできては、これも二羽で仲むつまじく〝愛の巣〟を作っていた。大通りのケヤキに見つけた古巣は、ビニールひもというう新建材を使ったものだったが、このカラスの巣は、純粋にオーガニックなものだった。

こうやって、見ようと思って見れば、また、多くの目で見れば、街中でもいろんな胸ときめく発見ができるもんだ。

## ■——駅のホーム・障害を持ったハト

わが家の次男・なつき（当時二歳）は、大の電車オタク。妻と相談し、夏休みの一日を家族そろって電車三昧で過ごすことにした。かといって、まだ小さいので遠出は無理。そこで、考えたのが甲府駅。県庁所在地だから県内で一番たくさん電車が止まる。しかも、家の最寄り駅から二〇分くらいで行ける。

その日、車で駅まで行き、そこから普通電車に乗って甲府駅へ。他の客はどんどん改札口に吸い込まれていくが、ぼくらはここそが目的地なので、のんびりしたもの。五分もするとホームが閑散としてきたので、レジャーシートを敷いて座り込んだ。

「ジュースでも買ってこようか？」

「いいねえ」

山歩きだとこうはいかないが、ここでは自販機がすぐ目と鼻の先にある。一本のりんごジュースを買ってきて、リュックからキャンプ用のコップを四つ取り出し、家族で分けて飲んだ（余談になるけど、小さな子が大きめの缶ジュースを飲んでる姿をよく目にするけど、多すぎると思いません？）

そのうち、特急列車がホームに滑り込んできた。息子たちは興奮状態。カメラを持っていって、特急の〝顔〟と一緒に記念写真をとった。今日は休日だけあって、いつもより特急列車の本数が多いらしい。次から次へと特急列車が入ってくる。甲府止まりの特急では、中から出てきた制服姿の車掌さんが、一緒に写真に収まってくれた。いい記念になった。

ここで気になることが一つ。ホームに何羽かドバトがいたのだが、中に足の指が一本ないハトがいた。お菓子を食べている息子に近付いてきたところを写真に撮ったのだが、どんな事故があって、ハトの指が詰められてしまったのだろう？　そんなことを考えているうちに、今度は片足一本まる

ホームで見つけた片足のハト．
どうしてこんなになっちゃったんだろう．

ごとなくなっているハトまでいることに気付いた。

駅のホームでもいろんなドラマが見つかるもんだと感心した。こんなのも、レジャーシートを広げてゆっくりしたからこそ、見つけられたんだよなあ。

## ■――コンビニでタカが子育て？

六月九日。午前中の授業が終わり、職員室に戻ったとたん、ぼくの目はテレビのニュースに釘付けになった。チョウゲンボウという小型のタカが山梨市のコンビニに巣を作ったという。

「あ、ここ知ってる！　いつも行ってる万力公園のすぐ近くじゃん」

なんのことはない。家から甲府や山梨市に行く時には必ず通るところだ。

この辺りにチョウゲンボウがいることは知っていた。家族で万力公園に遊びに行った時などに、上空を飛んでいるのを何度も目撃していたからだ。

たぶん、近くのコンクリートの建物に巣を構えているだろうとも予想していた。チョウゲンボウはもともと山の中の断崖絶壁に巣を作るタカ。チョウゲンボウの目には、コンクリートでできた垂直的な建物が、巣を作るのに格好な場所に映るのだろう。

だけど、まさか人の出入りの激しいコンビニに作るとは。う～む。あのコンビニだったら、チョウゲンボウが子育てしている最中だって何度も通過しているし、買い物もしている。それなのに、気付かなかったなんて!!

自分が第一発見者になれなかったのが悔しかった。

とは言え、チョウゲンボウのことが気になったので、さっそくテレビ局に電話をした。

「雛が巣立ってしまってから『じつはここでタカが子育てをしていたんですよ!』と、撮っておいた映像を流すのなら全く問題はないと思いますよ。ですが、映像を見てみると巣立ち間際みたいですが、雛がまだ巣に居るのに、こんなニュースを流していいのですか? たくさんの人が見にくるストレスで巣立ちを失敗しないか心配です。もう少し慎重に対応して欲しかったです」

ニュースになってしまったということが気になったので、六月一三日に行われた観察会の帰り、このコンビニに寄ってみた。無賃駐車は悪かろうと、缶コーヒーを買い、それを飲みながら巣を探して、少し離れた場所から双眼鏡で観察した。

巣のありかはすぐにわかった。コンビニは二階建てで、屋根の下に三つの換気口がある。その一番右の四角い穴に三羽が見えた。…おっと三羽ではなかった。後ろから「おーい、ぼくもいるんだよ!」と言わんばかりに、もう一羽が出てきた。合計四羽。

四羽は四つ子ではなく、兄弟だった。発達段階がみんな違う。一番上はもう親と同じように精悍な顔をしているが、一番下はまだ産毛にすっぽり覆われて、ぬいぐるみみたいだ。人間で言うと、

コンビニの換気口から顔をのぞかせたチョウゲンボウの子どもたち．もう精悍な顔つきになっている．

高校生と中学生と小学生と幼児くらいかな。「チョウゲンボウ四兄弟」といった感じ。しばらく、そのしぐさを観察した。

西日が暑いせいか、口を半開きにしている。なんかだらしない。時々、穴の奥に引っ込むが、親が餌を運んでくれるか気になるらしく、すぐにまた表に出てきた。

時々、穴からお尻を大きく突き出し、「う～ん」と唸る（唸っているように見える）。排泄物をできるだけ巣から遠ざけたいという生きる知恵なのだろうが、見てて思わず笑ってしまう。

コンビニのお客さん何人かから、

「何を見ているんですか？」

と聞かれた。

「あそこに小型のタカが巣を作っているんですよ」

「へー、そうですか」

大半の人はそれで車に乗って行ってしまうが、中には根掘り葉掘り聞いてくる人もいた。こっちもうれしくなって、双眼鏡を貸して、

「見てみませんか?」

なんて、即席観察会をやった。

　何かを見つけた時、それをじっくり見ることも大切だが、その周辺調査も大切だ。ぼくは巣の真下の駐車場を丹念に調べてみた。ごみはほとんど落ちていない。コンビニの店員さんがこまめに掃除しているのだろう。

　そのうち、…。お、スズメの羽根が見つかった。親が子どもの餌にしたのだろうか? そして、ついにはペリット(口から吐き出した食べ物のかす)も見つかった。大切にフィルム・ケースに入れ、持ち帰ることにした。中身を調べれば、やつらがどんなものを食べているかがわかる。

　ずっと下ばかり見ていて、ひょいと上を見上げたら、屋根の上にタカが止まっていた。

「巣立ちか?!」

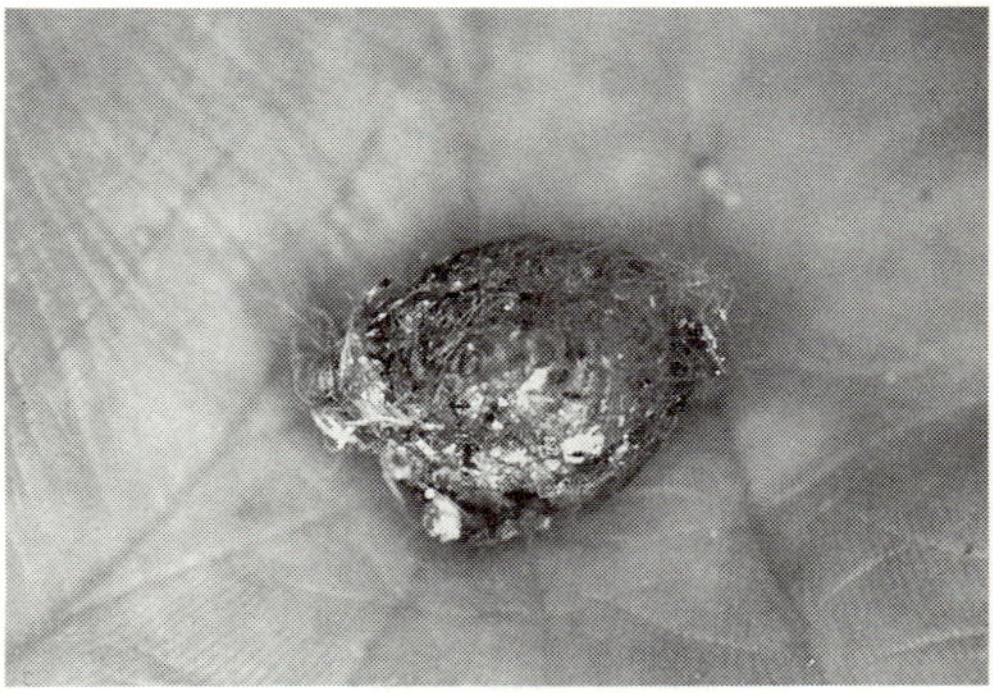

コンビニ前の駐車場に落ちていた
チョウゲンボウのペリット

すぐに穴の中を確認。四羽揃ってる。ということは、あれは親だ！コンビニの前で、双眼鏡を持って一時間もねばってしまった。

## ■——校庭日記

ぼくの勤める小学校の校庭の夜間照明。そのライトとライトの間にカラスが巣を作り始めたのは、二月一八日だった（…と断言できるのはスゴいことなんですヨ！）。前の年は二月二五日に作っていることに気付いたので、まあ同じペースと言えるだろう。

オスとメスが交代で小枝をくわえてきては、どこに置こうか首をかしげて考えているように見える。しばらく思案した後、丹念に置いていく。その様子は巣作りというより、一つのゲージツ作品を作っているようだ。いつ頃、卵を産むだろうかと楽しみにしていた。

ところが、卒業式に参加した来賓の鶴の一声で、巣が撤去されてしまうことになった。翌日、あっという間に作業は完了。

だが、カラスたちは諦めなかった。今度は別の照明灯に、急ピッチで巣を作り始めたのだ。四月中旬には、二羽が入れ代わり立ち代わり巣に来ているのが、たびたび見られた。が、巣は高いところにあるので、中の様子はうかがい知れない。もう生まれたのかな？　とやきもきした。五月中旬、この巣に三羽の雛がいるのをようやく確認し、子どもたちと遠くから望遠鏡で観察した。

ところで、落とされたカラスの巣は理科室に譲り受けた。小枝に混じってビニールのひもなどの人工素材も目についた。それにしても、よくもまあくちばしだけで、こんなに上手に作るもんだ。廊下に展示し、子どもたちに見てもらった。

六月四日、巣立ちを確認した。

同じ日、五年生の女の子たちが理科室にニュースを持ってきた。ハチが巣を作り始めたので、見に来てほしいという。彼女たちに案内してもらった場所は、校舎の裏の建物。一階の低いところにある窓ガラスにアシナガバチが巣を作り始めていた。まだ女王一匹だけだ。時々、いなくなっては幼虫たちに餌を運んできていた。

翌日、朝一番で行ってみると、働きバチが一匹増えて、二匹になっていた。今日は土曜日なので、放課後、じっくりこの巣を観察することにした。働きバチがいなくなったと思ったら、何やら口に

落とされたカラスの巣.
よく見ると，いろんな人工物を使っていることがわかる.

くわえてきた。巣に止まるやいなや、幼虫が巣穴の中から身を乗り出してきた。「早くちょうだい！」と言ってるみたいだ。その顔のひょうきんなこと！　まるでスキー用の大きなサングラスをかけているように見える。

働きバチは「まあ、待ちんしゃい！」とでも言うように、軽くそれをあしらい、盛んに口をモグモグさせている。くわえてきたのは、おそらくいも虫を切り刻んでつくった新鮮な肉だんごだろう。それを、よくかんで、それから幼虫に与えるのかな…と思いながら見ていたら、やっぱりそうだった。口移しでえさをやるところなんか、まるで鳥だ。

この日、ハチたちは巣作りの様子も披露してくれた。

その後も毎朝、この巣を見ては「あ、また一匹増えた」「巣もだいぶ大きくなってきたなあ」と巣の成長を喜んでいたのだが、ある朝、ワンパクな男の子がこの巣にいたずらで石を投げ、逃げ遅れた他の子が刺されてしまうという事件があった。その結果、このハチの巣はあえなく撤去させられてしまった。

幼虫に，やわらかくかみ砕いた肉だんごをやろうとする働きバチ．鳥の子育てと変わらない．

街の中で、いろんな生き物と共に生きていくことは、むずかしいのだろうか。

第４章

# サンダルはいて，自然観察

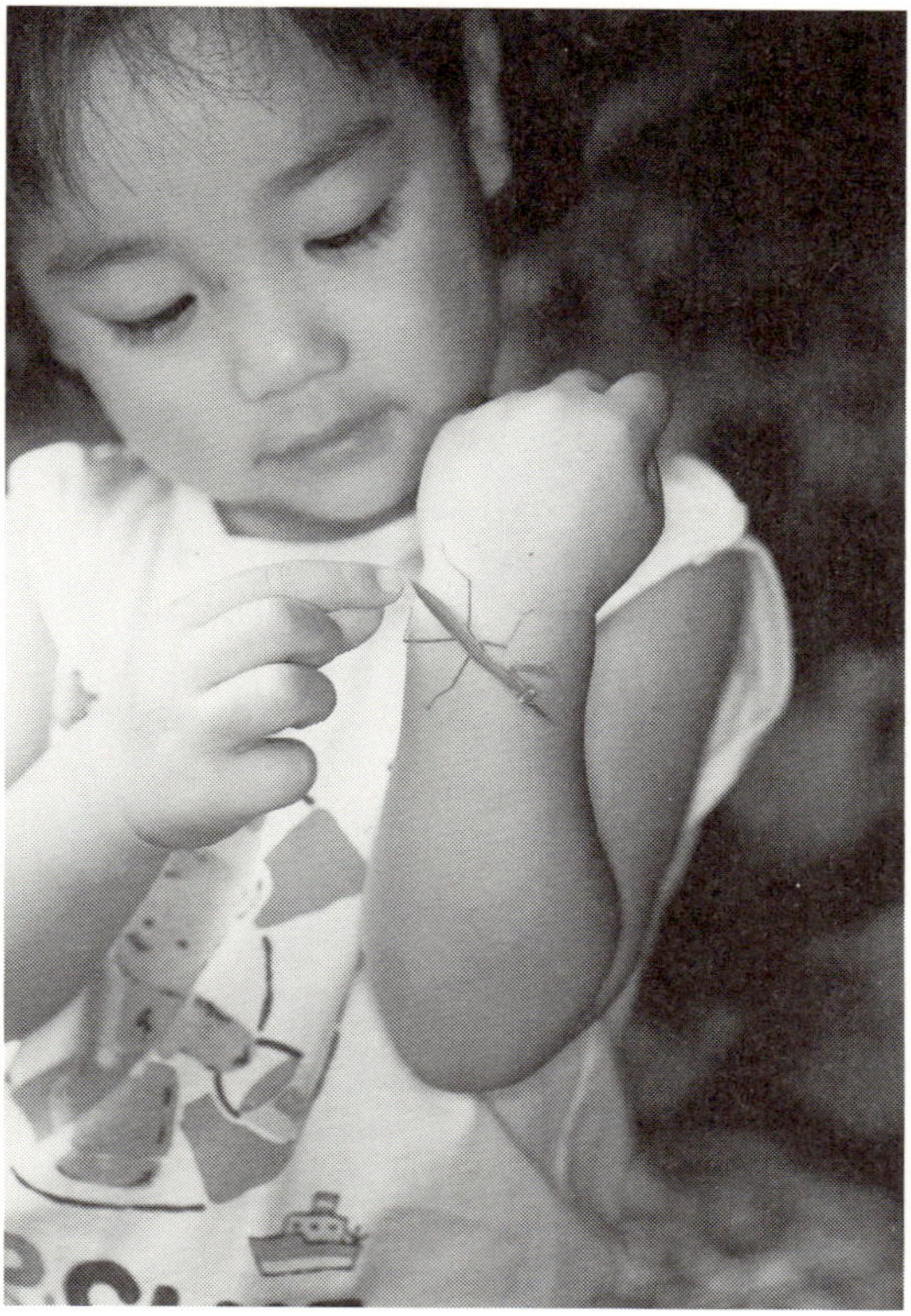

ここまでの章を読んでいただいた方には、この本のテーマ
「自然はぼくらのごく身の回りにいっぱいある！」
というのがわかっていただけたことと思う。
この章では、究極の「身の回り」である「家の庭」や「ご近所」にスポットを当てていく。

## ■——建国記念日はヨモギ記念日

毎年、わが家では、二月一一日前後に、その年初めての「よもぎ摘み」をしている。今年は一四日に行った。場所は家から歩いて三分。中学校の校庭とプールの間の石垣が、わが家の秘密の場所。この石垣、南向きなので日当たりはいいし、石やコンクリートなので余計暖まりやすいのだろう。他の場所のヨモギがまだ枯れ草なのに、ここだけは、みずみずしい緑色のヨモギの芽が立春のころから目立つ。

子どもたちと一緒に、まだ雪の残る道でわざと力いっぱい踏んで足跡を付けたり、全面結氷した用水路ですべって遊んだり、排水口からたれたツララをポキッと折ってチャンバラごっこをしたりしながら、秘密の場所に向かった。

「お、こんなところにお茶の木がある!」

これが今年の発見だった。もう使われてない畑の隅にある。よ～し、春になったら一番芽を摘んで、新茶を作ろう。

キカラスウリの実を持つなつき

そういえば、三カ月前はキカラスウリの立派な実（実がなる前に草刈りされてしまうことが多いので、こんなに立派できれいな黄色の実は初めて！）、去年はヤマノイモのむかご、一昨年はウメの木にかかった巨大なヘビのぬけがら（たぶんアオダイショウ）が見つかった。ほんの身近な、同じ場所に通っているにもかかわらず、いつも何か新しい発見があり、楽しめる。

ヨモギを摘むのは一年にせいぜい二～三回。でも、子どもたちはもうヨモギと他の草を間違えることはない。安心して任せられる。

「お父さん、こんなところにテントウムシがいた」

ヨモギ摘みをしていても、いろんな発見がある。

摘んできたヨモギを洗おうとボウルにあけたら、緑のつぶつぶがたくさん出てきてびっくり。よく見ると、それはアブラムシだった。この時期にもうアブラムシが付いているなんて…。これも初

わが家のヨモギ摘み秘密ポイントは中学校のプール前．コンクリートが温まりやすいためか，他の場所より芽が出るのが早い．

めての体験だった。

## ■――スズメの子育て

保育園に届けるひろきとなつきに急いで朝飯を食べさせ、あわてて家族四人で玄関を出た。わが家の毎朝の光景だ。ところが、車に向かって駆けだした息子たちが急に止まった。

「お父さん、ピーピー声がするよ」

息子が指さす方を見ると、屋根の樋からスズメが顔を出し、あわてて飛んでいった。きっとスズメの巣でも雛が生まれ、親がてんてこまいで子育てをしているのだろう。そう思うと、なんだか親近感が湧いてきた。

親近感が湧いてくると、それまでただ〝見えていた〟だけのものも、意識的に〝見てみよう〟という気になる。翌日は日曜日。洗濯物を干しながらも、スズメがいると、なんとなく目がそっちにいってしまう。

洗濯物を干す手を休め、屋根にいるスズメを見たら…、二羽ともパッと飛んで逃げてしまった。仕方がないので、干すのを再開したら、また、どこからともなくスズメが来た。また、手を休めて、そちらを見たら、また逃げられた。

う～む、どうもジッと見つめられるのは嫌みたいだ。そういえば、バードウォッチャーが鳥を見ていると鳥たちは逃げてしまうが、鳥のことなど眼中にないお百姓さんが畑仕事をしていると、すぐそばまで鳥が寄っていくもんなあ。

それなら…と、今度は洗濯物を干す手を休めないで横目でチラチラと見るようにした。

「おまえたちのことなんか、気にしてないよ」

というポーズをとったわけだ。そしたら、スズメたちも安心したのか、逃げないようになった。そして、ぼくのすぐ目の前で自然な姿を見せてくれるようになった。

まず、二羽のスズメが前後して屋根に止まった。そのうち一羽はてっぺんに残り、まわりに気を配っている（ように見えた）。もう一羽が屋根から下りてきて、恐る恐る樋に入っていった。よく見るとくちばしに何かくわえているようだが、物干し台からだとよく見えない。入っていくと同時にチーチーという甲高い声が聞こえてきた。きっと餌を

瓦のすき間が彼らの家．スズメは夫婦協力して子育てするようだ．家では春夏の２回，子をかえす．

運んできたに違いない。

洗濯と掃除が終わり、居間で一服。コーヒーを飲んでいたら、開け放した窓から時々、チーチーの合唱が聞こえる。

「そうだ！　チーチー声が何分おきに聞こえるかを調べれば、巣をずーっと見張ってなくても、親が雛に餌を運ぶ頻度がわかるぞ！」

ぼくは、この大発見（だと、自分では思った）にワクワクしてきた。ぼくの腕時計はストップウォッチ付きなので、こういうときに便利だ。調べてみると、ほぼ五分おきにチーチーが聞こえた。つまり、五分おきに親鳥が餌を運んできているってことだ。一時間だと一二回。一日八時間労働としても約百回。餌を運ぶだけでなく、探し出さなきゃならないんだから、苦労するよね。

「五分おきに授乳ならぬ授餌をしているなんて……」

スズメの子育ては人間以上に大変そうだ。

いつでも
どこでも
自然観察

**70秒に1回?!**

翌年もスズメの子育てに出会った．そこで買ったばかりのデジタルビデオをセットし，1時間ずっとスズメの餌やりの様子を録画した．再生しながら数えたら，巣に入ったのが55回，このうち確実に餌をくわえていたのは49回だった。5分に1回どころじゃなかった!!

## ■――小さな親切　大きなお世話

何日かしたある暑い日。外で遊んでいたひろきが家に飛び込んできた。

「お父さん、スズメの赤ちゃんが……」

行ってみると、軒下に小さな雛の死体。なぜ落ちて死んでしまったんだろう？　ちょっと見当がつかない。親があれほど苦労して育てているのに、こんなにあっけなく死んでしまうこともあるんだなあ。

ひろきと二人で、庭のすみに手厚く葬ってやった。

またまた何日かたったある土曜日の午後。外で子どもたちの興奮した声がする。外へ出てみると、ひろきと一緒に近所の子たちがぼくの車の下をのぞき込んでいる。

「どうしたの？」

「車の下にスズメの子がいるから、助けてあげたいの」

そう言ってる間に、一人が雛を捕まえてしまった。

そういえば以前、『鳥の巣立ち雛は飛ぶ練習をしている真っ最中。だから、飛び方が下手だからといって、捕まえて連れて行くのは、誘拐ともいえる行為である』というのを何かの本で読んだことがあったっけ。ぼくは、

ツバメの子が子どもたちに捕まったこともあった．
やっぱりそのままにして隠れて見ていたら，親？と一緒に飛んでいった．

「この子はね、まだ飛び方がうまくないの。お父さんやお母さんと飛ぶ練習をしてたんだよ。そこにみんなが来たもんだから、怖くてここに逃げ込んじゃった。親スズメも、みんながいるから、やっぱり怖くて連れに来れないんだよ。だって、親スズメから見たら、みんなはウルトラマンに出てくる怪獣くらい大きいものね。だから、この子をここに置いて、みんながどこかへ行けば、親が安心して連れに来るよ」

ぼくも半信半疑だったが、子どもたちはもっとこの話を疑っていたようだった。でも、しぶしぶ子スズメをその場に残し、家の陰にみんなで隠れて見ていた。やがて、電線にスズメが止まり、そのうち子スズメのそばに降りてきて、一緒にどこかへ飛んで行った。

子どもたちは息を呑んで、その光景を見つめていた。でも、子どもたち以上に感激したのは、当のぼく自身だった。

## ■――コゲラの子育て

コゲラは、ほぼスズメ大の小さなキツツキだ。図鑑には「全国の低い山や山麓の林に留鳥としてすみ、秋冬には平地の林に漂行するものもある」とある。このコゲラがなんとうちの庭で子育てをした。ぼくのうちは、前は中学校、隣は住宅、後ろはブドウ園というロケーション。近くには林なんてないのに……。

「どうも今年は庭によくコゲラが来るなあ」と気付いたのは三月二一日。その後も、「ビ～ッ」とか「ピー、ピピピピピ」とかいうコゲラ独特の鳴き声を朝に夕によく聞いた。

三月三一日には、なつき（当時二歳）がコゲラに接近遭遇！

カエデに止まっているコゲラを見つけたので、

「なつき、ほら、あそこにきつつきさんがいるよ」

と教えたら、喜んで、ずんずん近付いていてしまったのだ。

「そんなに近付いいたら、逃げちゃうよ」

と、小声でぼく。こっちは気が気でなかった。本人も少しは気を使って抜き足・差し足で、さらに近付いていった。これじゃあ、すぐに逃げてしまうよと思っていたのに、意外や意外。なつきが一メートルぐらいまで近付いてもコゲラは逃げなかった。なつきはほんとに間近でコゲラの姿を見てしまった。くそお。そんならぼくも近付いて見たかったなあ。

コゲラの巣穴に気付いたのは四月三日だ。うちの庭には高さ二メートルほどのシダレザクラの枯れ木がある。この木の地上一メートル六〇センチの所に、直径三センチくらいのきれいな円形の穴を開けていた。

その後もコゲラは黙々と巣穴掘りをしていたのだろうが、近付いたり、巣の深さを計ったりしたら巣を放棄してしまうかもしれない。できるだけそっとしておいた。また、帰りが遅いこともあって、巣作りの進展の度合いはまったくわからなかった。

本当にここで子育てをしてくれるのか気をもんだが、四月一三日に庭のカエデの木にコゲラが二羽いるのを確認。巣穴を掘るのがオスの役割かメスの役割かは知らないけど、「新妻に新居を見せに来たのかなあ」

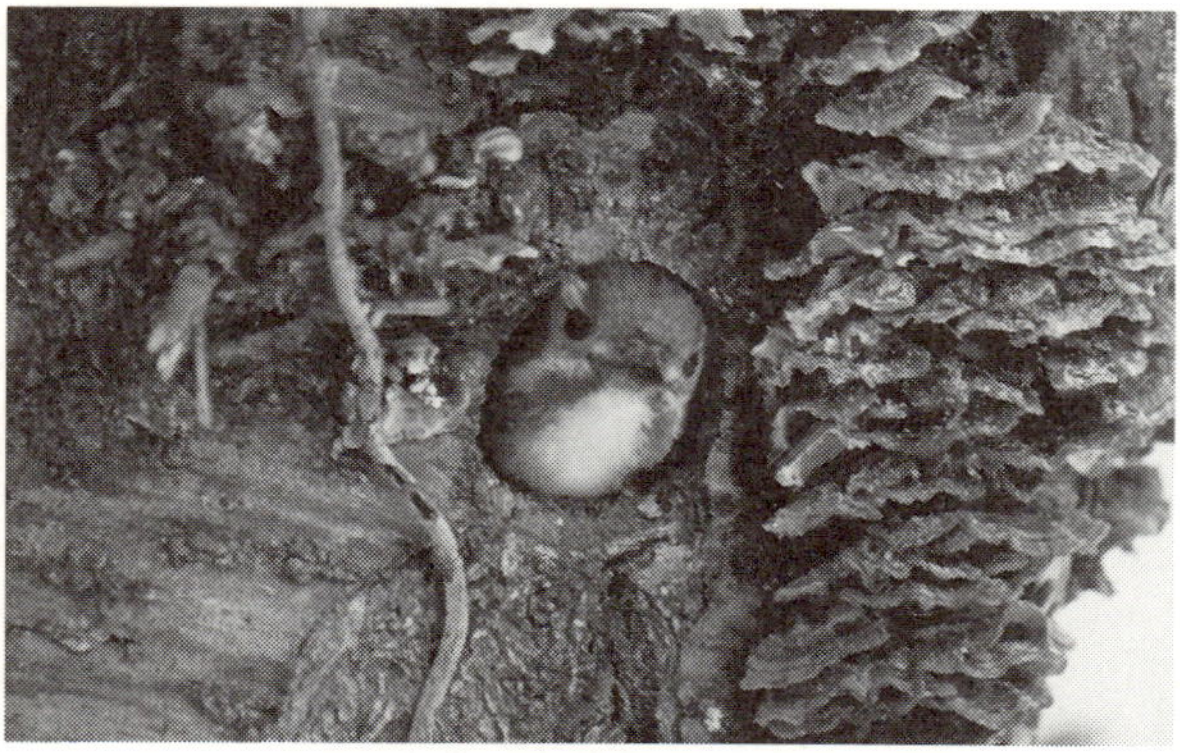

巣穴から顔を出したコゲラ．かわいいでしょう！

なんて勝手に想像して喜んだ。

喜んだのも束の間。その後はず~と気が気でなかった。巣にコゲラが来ているかどうか確認できないし、息子たちは巣にどんどん近付いちゃうし。かといって巣の中をのぞくわけにもいかない。しかも、どうも最近、コゲラ特有の「ビ~」とか「ピピピピ」という声を聞かないから、余計に心配だった。

二羽のコゲラを見てから二週間後の四月二六日。「こうなったら最後の手段!」と巣にそ~っと近付いた。そしたら、なんと穴の中からかわいい顔を出すではないか!

「よかった、巣の中にいたんだ。ということは、もう卵を温めているのかな?」

一気に期待は高まった。

## ■――コゲラの餌運び

五月一一日の夕方には、初めてコゲラが餌を運んできているのを見掛けた。

五月一七日。コゲラの餌やりの様子が詳しく観察できた。飛んできて、まず隣の木に止まる。飛んできて木に止まる様子は、まるでセミだ。しばらくして、巣穴のある木にひょいと飛び移る。が、直接、巣穴に飛び込んだりしない。チラチラとまわりを警戒しながらチョンチョンと横っ飛びで巣穴に近付き、パッと入った。この間、コゲラは一言もしゃべってない。雛の声もまったくしなかった。そして、黙って出てきたくちばしの先を見ると、なんとふんがくわえられていた。

巣穴を掘るときにはあんなにうるさかったのに、一言も鳴かないというのは、天敵に巣穴の場所を悟られまいとする知恵なのか？　ふんを運び出して巣穴の中を清潔に保とうとしていることといい、あんな小さな鳥がとっても頼もしく見えてくる。

翌一八日の朝、巣穴から雛たちのか細い声がよく聞こえた。大丈夫。元気だ。

ず～っと観察会やらで休日返上だったが、五月二四日の土曜日。あいにく天気は雨だったが、久々に予定がなかったので、午後三時半から暗くて見えなくなる五時半までコゲラの巣をじ～っと観察した。と書くと、なんか本格的な野鳥観察のようだが、実はお菓子を食べてコーヒーをすすりながらの居間からの観察だった。フィールドスコープ（野鳥観察用の望遠鏡）を使ったのだが、近すぎて焦点が

巣からふんを運び出しているのはスズメも同じ．巣から飛び立ったスズメがガードレールに止まってくちばしをこすりつけているなと思ったら，それが雛のふんだった．よく見ると，ガードレールに点々と20個以上もふんが付けられていた．

| 5月24日　コゲラの観察 | | |
|---|---|---|
| No. | 前回からの時間 | ふんの搬出（前回からの時間） |
| 1 | | あり |
| 2 | 5分 | なし |
| 3 | 5分 | なし |
| 4 | 4分 | あり（14分） |
| 5 | 4分 | なし |
| 6 | 15分 | なし |
| 7 | 3分 | あり（22分） |
| 8 | 21分 | あり（21分） |
| 9 | 16分 | なし |
| その後、57分間来なかった。ここで観察終了。 | | |

合わず、仕方がないので、巣から遠い位置に座って観察した。この間、餌やりに来たのは九回。ふんを持ち出したのは四回だった。雨の降る夕方ということもあるのだろうか。後半は餌運びの間隔がぐんと開いてしまった。これから推測するに、昼間はコンスタントに五分おきぐらいで餌を運んでいるのだろうか？　大変だ。

五月二六日。庭のコゲラに気付いてから二カ月たった。朝六時半ころ、コゲラの甲高い声がした。一分ほどおいてもう一度。コゲラの声を聞くのは久しぶりだ。

「これはもしかして?!」

直感した。ぼくは飛び起き、巣に直行。ちょっと躊躇《ちゅうちょ》したが、恐る恐る巣穴に手を突っ込んでみた。何にもさわらないし、何の反応もない。きっと今朝、巣立ったのだろう。雛たちの成長はこれからが本番。無事に大きくなってほしいと思った。

「いいなあ、きつつきが庭で巣を作ったなんて」と思われた方も多いと思うが、さっきも書いたように、子育ての時期の鳥たちはとても警戒心が強く、簡単に巣の位置を悟られないようにしているようだ。現に、一昨年、ぼくの家のベランダから二メートルほどしか離れてないコブシの木の、人の背丈ほどの所に作られたヒヨドリの巣には、家族の誰も気付かなかった。春先、コブシの枝落としをしていて、ようやく気付いたという始末。

だから、あなたの知らない間に、あなたのすぐ隣で、鳥たちが卵を温めたり、子育てにいそしんだりしているかもしれないのだ!!

## ■——洗面器のビオトープ

四月一一日。町内の小田野地区の観察会に「およばれ」した。メインはなんといっても小田野山に咲くカタクリの花。地区の人たちによる地区の山の観察会だ。終わった後、あるお宅におじゃまして「お茶」が始まった。庭にござを敷き、ちゃぶ台を出し、その上に菜の花のおひたしなど旬のものが続々！（……こんな感じの観察会、いいでしょ⁈!）。楽しく話をしているうちに、息子たちが目ざとくそのお宅の池でカエルの卵を見つけた。

「毎年、裏の山からやってきて、た〜くさんの卵を産んでいくんですよ」

見ると、ホントにハンパな数ではない。そのお宅のおじさんが海苔の佃煮が入っていたガラスびんを用意してくださり、その中にカエルの卵を入れて、持たせてくれた。

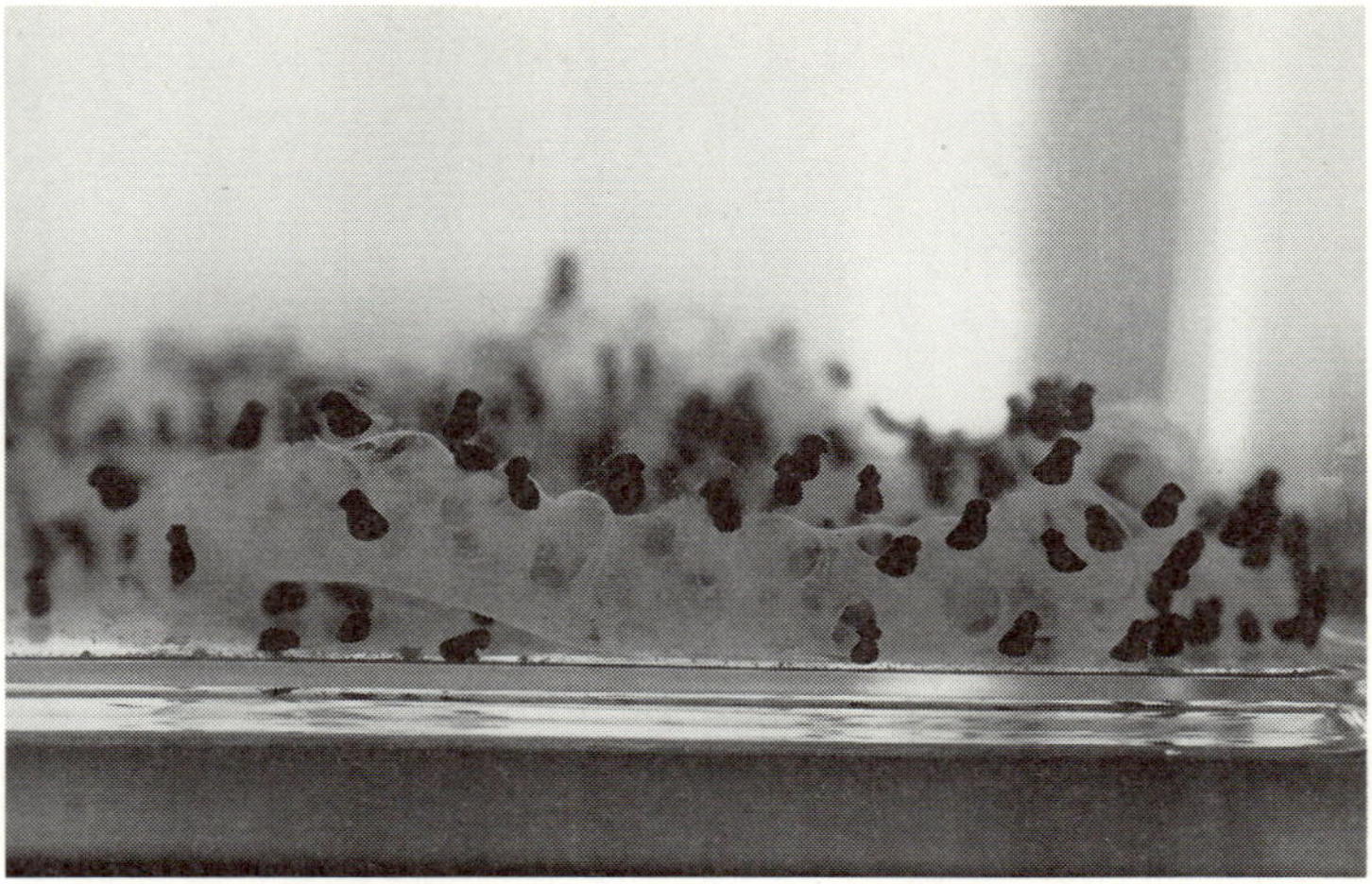

翌年もカエルの卵をもらってきた．今度はじっくり観察しようと，一部は部屋に置いた．卵から生まれた，だるまさんみたいなオタマジャクシの前段階．

家に帰り、さて、水槽にでも…と思いかけたところで、使ってない洗面器が目に留まった。

「そうだ、これを池にしてみよう！」

さっそく、庭をちょっぴり掘って、洗面器を埋め、中に水道の水を入れた。丸一日、そのままにしておいてカルキ抜きをし、翌日、卵を入れた。

四月下旬にはおたまじゃくしがかえり、ウジャウジャと水面近くを泳ぎ回るようになった。金魚の餌やパンくずを入れると、それらに水が染み込んでくるのを待って、元気に食いついてくる。餌をやって、洗面器の中をのぞき込むことが、家族四人の出勤・通園前の習慣となった。

そのうち、オタマジャクシに足と手が生えてきた。子ガエルになったとき、おぼれないようにと、金魚屋さんからホテイアオイを一株買ってきて入れた。六月の声を聞くと、子ガエルがホテイアオイの葉っぱの上にいるのがよく見られるようになった。このころから洗面器の中はだんだん寂しくなり、息子たちもあまり見なくなった。

洗面器にはホテイアオイがいっぱいに広がり、水面をよく見るとボウフラが〝湧いて〟いる。困ったので、学校のプールそうじのときに捕まえたマツモムシを連れてきた。ちっちゃな「洗面器ビオトープ」は新たなステージに入ったようで、これからどんな生き物が出てくるか楽しみだ。そういえば、モノアラガイの姿を見た。いったい、この貝、どこからやってきたのだろう？　謎だ。

## ■——トイレでバード・リスニング

子どもが小さいし、勤めもあるぼくにとって、家の中でゆっくり一人になれる場所はトイレくらいしかなかった。朝、トイレに入ってほっとしていると、鳥の声が妙に耳につく。ほかのときにも聞こえているはずなのだが、トイレの中では他にやることもないので、その分よく聞こえるのだろう。そこで、一年間、朝のトイレの中に聞こえてくる鳥の声をチェックしてみた。トイレの中にメモ用紙とえんぴつを置いた。メモ用紙に表を書き、毎朝、聞こえた鳥に○印を付けた。

中には初めて聞く声もあった。そんなときは仕方がないので「ヒーコーキー鳥」などと鳴き声からあだ名を付けて記録した。

記録してみると、毎日聞こえる鳥・たまに聞こえる鳥、夏だけ聞こえる鳥・冬だけ聞こえる鳥がいることがわかった。こういうことって図鑑などを読めばすぐわかることだろうが、自分の耳で確認すると、ほんとに実感できる。「本には○月ごろ、日本にやってくるとあるけど、今年、家のまわりでは○月○日だったなあ」という地域による違い、年による違いもくわしくわかる。

それに、外を歩いていても、鳥の声が妙に耳に飛び込んでくるようになった。春先、イワツバメが初めてぼくの町に飛んできたのを知ったのも、道で受け持ちのお母さんと立ち話をしていたときだった。ぼくが急に

「あっ、イワツバメ！」

なんて、空を見もしないで指さしたものだから、そのお母さん、びっくりして空を眺め、

「あっ、ほんとだ」

と、またびっくりしたのを覚えている。

学校では月に何度か朝会をするが、鳥の声がすると、どうも校長先生の話が耳に入らなくなってしまう。朝会は定期的にあるので、季節による鳥の声の変化もわかる。

ぼくは、なんといっても冬から春にかけての鳥の声の変化が好きだ。冬の間、チッチッとしか鳴かなかったホオジロが、春になると、木のてっぺんでそれこそ大きな口をあけて、体全体でさえずるようになる。

「チュピチュピチ〜」

本当にうれしそうだ。

「今年は、いつ、それが見られる（聞こえる）かなあ」

と思うと、ワクワクする。

「ホーホケキョ」のウグイスがさえずり始めるのは大勢の人が注目するし有名だが、他の鳥だって春になると自慢ののどを披露するようになるのだ。

## ■——身近な自然をばかにしてはいけない！

年の暮れ、家族とお正月の買い物に出掛けた。山梨市の亀甲橋《きこうばし》を渡ったところで、ひょいと川の方をみると、川の中に立てられたコンクリートの柱の先端がなんか膨らんでいるように見える。

「おい、あれ。まさか、ヤマセミじゃないよね。まさかね……」

妻に話し掛けた。ぼくは運転中でじっくり見ることができない。ぼくより目のいい妻が、ちょっとたってから、

「ヤマセミよ、ヤマセミ！」

と興奮した声で答えてくれた。さっそく車を止めて双眼鏡を取り出したのだが、ヤマセミはどこか

に飛んでいってしまった。

一月一九日、日曜日。インフルエンザが流行《はや》っているので、公園など人がたくさんいる所に出掛けるわけにもいかず、息子が腐っている。仕方がないので、床をマジックで汚しながらビニールでたこを作り、近所の中学校の校庭でたこ揚げをすることにした。三〇分くらいしたらひろきも飽きてきたので、さっきから気になっていたサクラの木を二人で見に行くことにした。バックネットの裏にあって、上に鳥の巣が見える。

「ほら、あそこに鳥の巣があるよ。雑な作りだからキジバトみたいだなあ」

などと息子と話していたら、のどの赤いウソという鳥がサクラの芽をついばんでいるのが見られた。ついでに、校庭に植えられている木を散歩がてら一本ずつ見て回った。一本のシラカバの木の下に行ったら、木っかすがたくさん落ちているではないか。

「これは！　…自分が『あいつ』だったら、どこに巣を作るかなあ」

と考えながら、木の上に視点を移すと、あったあった。巣穴だ。地上四メートル。枯れ枝の先だ。結構高かったけどフェンスを利用して登り、間近でじっくり観察した。直径は一〇センチくらい。

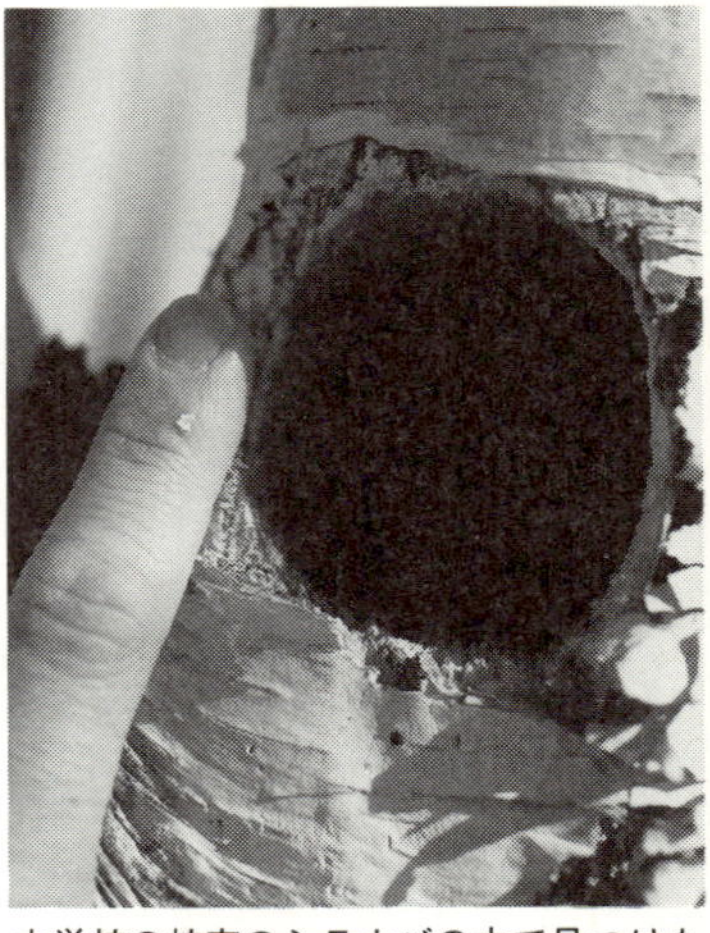
中学校の校庭のシラカバの木で見つけたキツツキの巣穴.
コゲラのものより2回り大きかった.

穴の深さは枝を差し入れて計った。二〇センチくらいあった。

「この大きさだとアカゲラかなあ。今までアカゲラがシラカバに巣穴を開けているところは何回も見ているし……」
・身近な自然を大切に
・身近な自然をじっくり観察しよう
ぼくら自然観察指導員のスローガンだ。ぼくはこの言葉を、「身近な自然には確かにすごい生き物はいないだろう。でも、普段見慣れている、つまらない生き物（差別用語だなあ……）も、見方を変えればオモシロイ」

というようにだけ解釈していた。

でも、「深山幽谷／大自然／渓谷／原生林／……に住んでいる」というイメージを持つ生き物たちが最近、どうも「市街地／都市／身近な自然」に進出しているような気がしてならない。ヤマセミは山の中の渓谷に、アカゲラは原生林とまで言わなくても、せめて広くて落ち着いた雑木林に住んでいるというイメージがある。だから、ヤマセミが街中の河原にいたり、校庭にアカゲラが巣を作ったりしてると、もう驚いちゃう。

人が自然を壊して街を作ったのだから、そこから生き物たちが逃げ出してしまうのは当然。でも、樹木が大きく育つなど、街の「自然」が落ち着いてくると、彼らのうちの何種類かは、また戻ってくるのかもしれない。特に、鳥たちは「翼」という機動力を持っているので、戻ってくるのが他の生き物に比べ早いのだろう。

あなたの身近な自然には、もしかして、すごい生き物が（戻って）いるかもしれない。身近な自然こそをじっくり観察しましょう。もし、いなかったとしてもがっかりする必要はない。「いなかった」というデータもとても大切だからだ。将来、〝すごいやつ〟が戻ってきたときに、「いついつまではいなかったが、いついつから見られるようになった」と胸を張って言えるじゃありませんか！

第５章

# 夜遊び自然観察

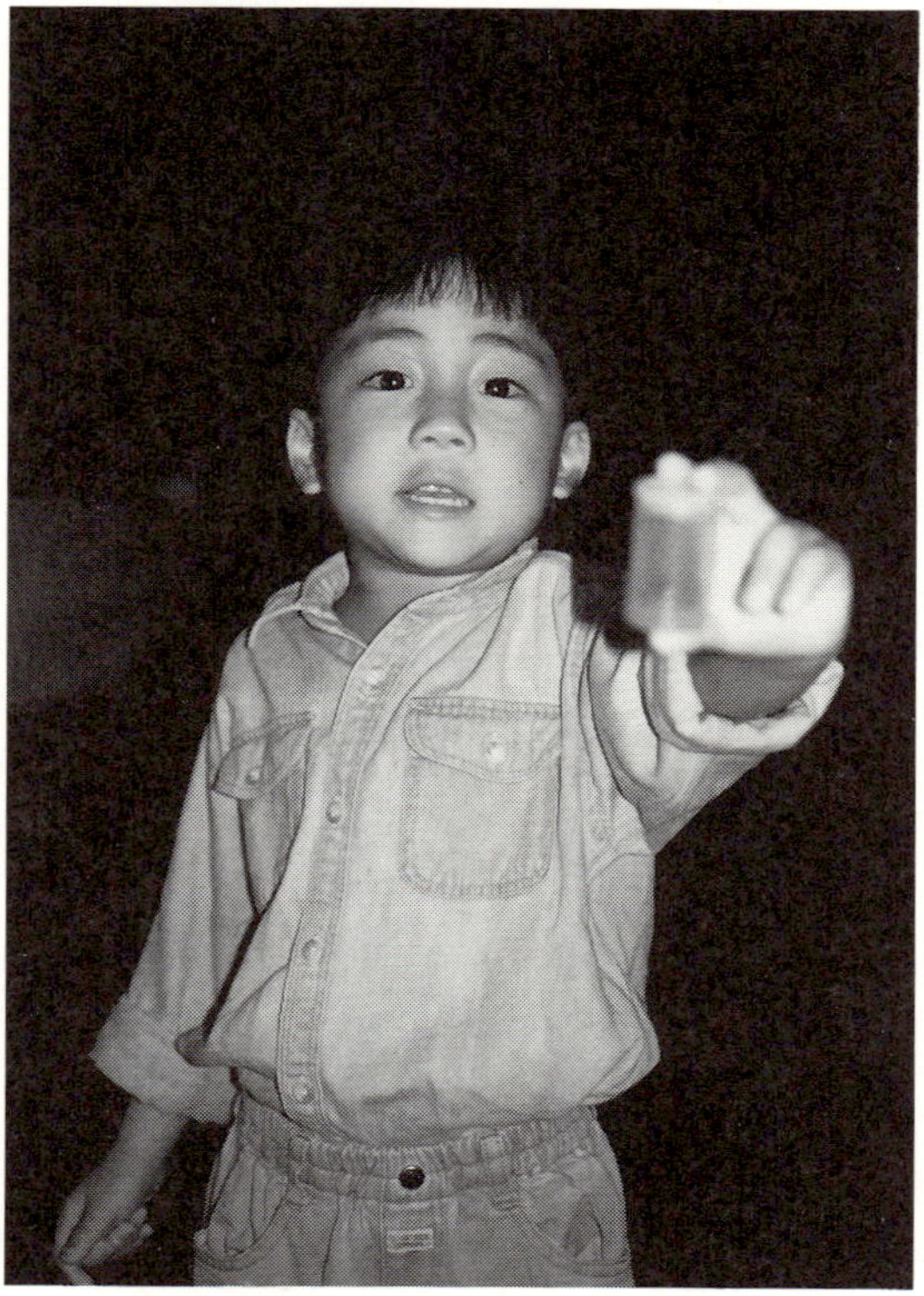

「おとうさん，ホタル見つけた！」

「いつでも　どこでも　自然観察」

というのが、ぼくらのキャッチフレーズ。

だから、春〜秋だけでなく、冬も自然観察。

「いい天気」のときだけでなく、「あいにくの空模様」のときも自然観察。


そして、昼だけでなく、夜も自然観察。

楽しいですよ、自然観察の夜遊び。

■―車の窓から虫のこえ

九月九日、ノラやまなし（自然観察指導員山梨県連絡会）世話人会の会場になっている甲府のボランティアセンターに向けて車を走らせていた。いつものようにノラのメンバーである鈴木彩女さんのアッシー君を務めながら。

鈴「なんだか、すごく大きい虫の声ねえ」
植「え～、鈴木さん、この虫知らないの？」
鈴「だって、私の家のまわりではこんな虫、鳴いていないもの」
植「え～っ、ウッソー！　これ、アオマツムシっていって、牧丘のぼくのうちのまわりにだってたくさんいるんですよ～。戦後、日本に広まった帰化昆虫で、声がバカでかいので、他の鳴く虫のラブソングをかき消しているんではないかと

夜になると元気になる虫の一つ，セスジツユムシ．
まるで線香花火に火をつけたときのような音を出す．

心配されているそうです。木の上が大好きです」

虫の声についてのおしゃべりが盛り上がったので、ラジオのボリュームを絞った。そしたら、大きなアオマツムシの声の谷間に、エンマコオロギのコロコロリーという優しげな声や、リュリュリユリュ…という寂しげなツヅレサセコオロギ（鳴き声が「つづれさせ＝もうすぐ冬だよ、布を綴れ、針を刺せ」と聞こえるので、綴れ刺せコオロギ）の声などが聞こえてきた。このところ、車に乗っている間はラジオかカセットテープを聞いていたので、虫の声がとても新鮮に響いた。

帰りはラジオを消してしまった。そしたら、余計、虫の声が車窓から飛び込んでくるようになった。リーンリーンはスズムシ。スイッチョンスイッチョッのウマオイ。チリチリチリチリチーという線香花火のような声はセスジツユムシだ。スズムシは石垣のすき間が大好き。ところが最近、石垣の改修工事をすると、すき間が全然ない、目の詰まった石垣になってしまう。だから、スズムシの声が聞こえると、

「あ、この辺には、まだ、昔ながらの石垣が残っているかもね……」

なんて想像し、また楽しくなってしまう。

皆さんも、たまには窓を全開して、カーステレオを止めて、車を運転してみませんか？　夜の心地よい風とともに、いろんな種類の虫の声が耳に飛び込んできますよ。

## ■──まずは街灯をチェック

「お父さん、今夜、〝よるむし〟見に行こうよ」

夕飯の最中、突然ひろき（当時五歳）が言い出した。一瞬、何のことかわからなかったが、すぐに納得。昨年の夏、ご近所の夜の自然の様子を写真に撮りたくて、ひろきを連れて何度も夜の散歩に出掛けたのを覚えていたのだ。

「よし、じゃあご飯を食べて、お風呂に入ったら、出掛けるとするか」

「やったあ。ぼく、早くご飯食べちゃうからね」

ひろきはすごい勢いで残りのご飯を食べ始めた。

さて、いよいよ夜の散歩に出発。玄関で虫除けスプレーをシュッシュッとかけたら、子どもたちが勢いよく飛び出した。

「ちょっと待ってよ。まずはここがおもしろいんだから」

そう言って、玄関の引き戸のガラスを丹念に見た。明かりに集まってきた虫たちでいっぱいだ。小さなガが多いが、中には大きなガやコガネムシもいる。

「お父さん、どうして虫たち、踊ってるの？」

と、四歳になったばかりの下の子・なつき。そういえば、飛んでるガたちはみんなクルクル小さな輪をかいている。

「う~ん、電気が明るいんで、うれしいのかなあ……」

なんともさえない答え。

「おっ、それより、ほら、あそこにカエルがいるよ」

　アマガエルがサッシの枠に陣取っていた。きっと、明かりに集まる虫たちをねらってきたのだろう。このカエルは、その後、数日間、わが家の玄関に出没した。そう言えば、友人で中学校の理科の先生が住んでるアパートにはヤモリが出るという。サッシのカエルと同じことを考えているに違いない。

「お父さん、早く行こう!」

いつまでたってもぼくがほとんど進まないものだから、じれったくなったらしい。ひろきとなつきがぼくの手をぐいぐい引っ張った。

「おっ、あれは何だ?」

　懐中電灯の光に何かがキラッと反射した。近付いてみたら、石垣に何やら光る「銀色の道」。その

毎晩，わが家の玄関に出没したアマガエル．
玄関灯に集まった虫をねらって来たのだろう．

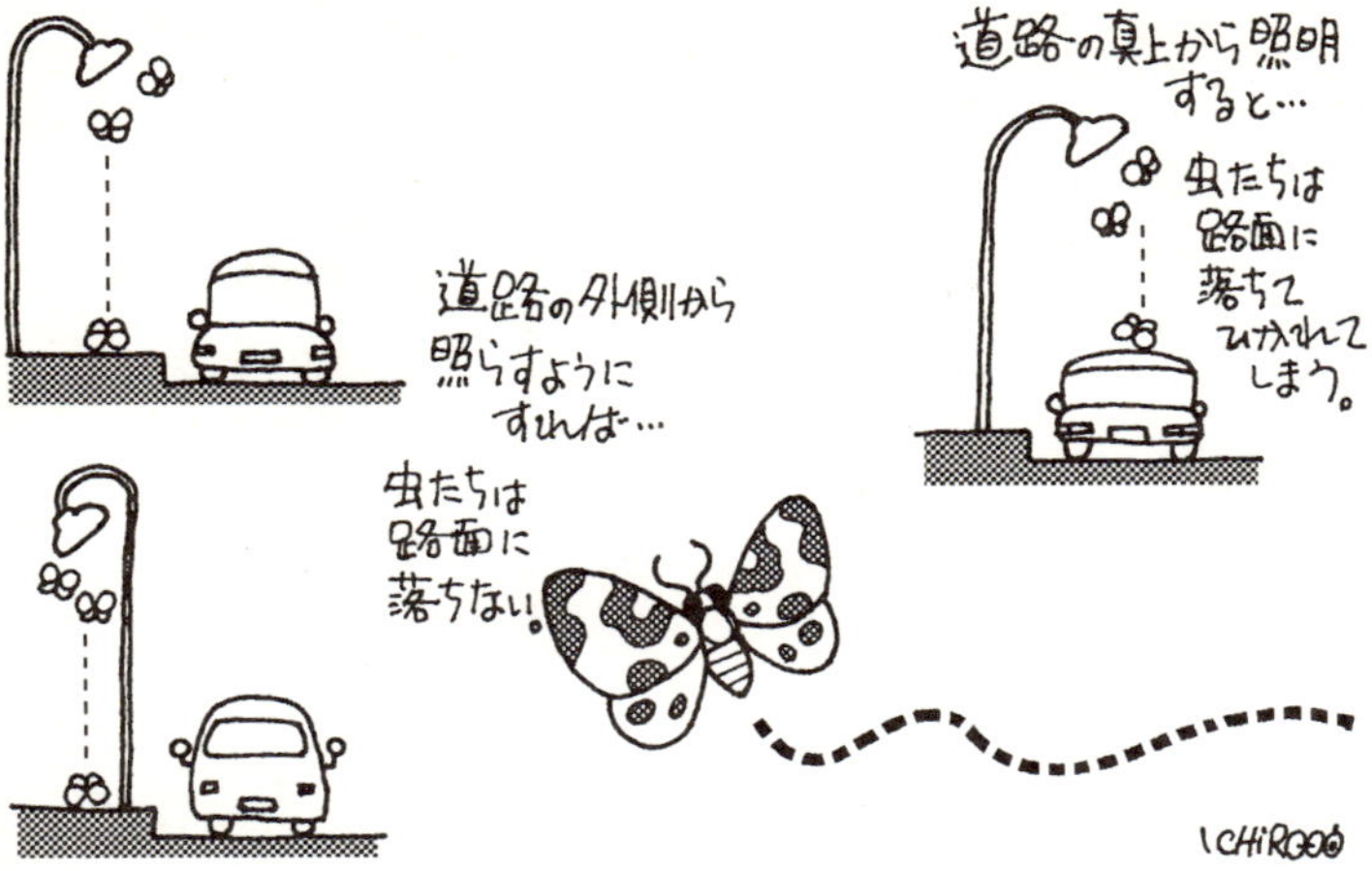
道路の真上から照明すると…
虫たちは路面に落ちてひかれてしまう。
道路の外側から照らすようにすれば…
虫たちは路面に落ちない!

道を懐中電灯でたどった。道の終わりにいたものは、ナメクジだった。

「なめくじ、なめくじ、なめくじら!」

二人がさっそくはやしたてた。昼の乾燥をきらって、夜に出てきたのだろう。ひとたびナメクジが見つかると、次から次へと見つかるものだ。へ~、家にこんなにたくさんナメクジがいたんだ。知らなかった。

ナメクジを探しながら、ふと街灯の下の地面を見てみたら、休んでいるガやコガネムシが結構いっぱいいた。

「こりゃ、ここでジッと見ていたら、この虫たちをねらって、他の生き物が来るかもしれないな。でも、もしここが道路だったら、車にどんどんひかれちゃうな」

と思った。

観光地の広い道路についている街灯なんて悲惨だ。翌朝、行ってみると、たくさんの虫のなきがらを目にすることになる。地面に落ちて車にひかれ、つぶれたのもいっぱい。また、虫を求めて来て、車にはねられた動物の姿が見られるかもしれない。せめて、道路の真上ではなく、道路の外側から照らすようにすれば、これら小動物の命も少しは救われると思うのだが…。

## ■——起きてる花・葉、寝ている花・葉

家の前の小さな庭に懐中電灯の光を当ててみる。なんか昼間と違って地味な雰囲気だ。夜だから……という理由だけではなさそうだけど……そうか、マツバギクの花が閉じているんだ！　だから華やかな感じがしないいんだ。へー、夜になると閉じちゃう花もあるんだなあ。

花って、みんな夜になると閉じるのかな？　昼間のうちに、どの花が夜になると閉じるのか、子どもたちと予想の立てっこをしておくと余計に楽しいかもしれない。

庭から道に出る。道端の雑草に懐中電灯を向けると、白っぽい、見たことのない草がたくさん。よく見たら、

夜のヨモギ．どうゆうわけか葉が立つので葉の裏側の白色が目立ち，別の草だと思ってしまった．

それはヨモギだった。ごく普通に生えている草だけど、なんで昼間と違って白っぽく見えたんだろう？

近付いてみたら、白っぽく見えていたのは、葉の裏側だった。昼間は葉の表の緑色が見えるが、夜になると葉が立ってくるので、白い裏側が見えるということらしい。なるほど。だけど、どうして夜になると葉が立つんだろう？　新たな疑問が湧いてきた。

そんなことを考えていると、今度はいろんな葉が目に自然に飛び込んでくる。

あ、シロツメクサ（クローバー）の葉は、しぼむようにたたまれている。まるで、眠っているみたい。坂道のネムノキなんて、見事なくらい完全に葉をたたんでいる。土手のクズの葉もしょんぼりした感じだった。

でも、すべての葉が眠っているかというと、そうでもない。昼とまったく同じ顔をしているものもある。

こうなると、眠っている葉や花は朝の何時ごろ起きるのかも知りたくなる。早起きにはめっぽう弱いんだけど、こんなワクワクする気持ちがあると起きられるものだ。早起きして明け方の散歩を楽しんでみた。そしたら、今度は朝しか咲かない花にもお目にかかれたのだが、その話はまた別の機会に。

葉の表面からは絶えず水蒸気が出ている。夜にはそれが露となって、思わぬオブジェを作っていることもある。スギナの小さな枝先全部にポツリポツリと真珠のような露が付いていたので、虫めがねで拡大して見てみた。もう感激！ まるでイルミネーションを枝いっぱいに付けたクリスマスツリーのようだった。

スギナのクリスマスツリー．
腕のいいカメラマンなら，芸術的な写真になるんだけどな．

## ■——セミの夜間パトロール

家の壁にいくつかのセミのぬけがらがくっついているのを発見したのは七月三一日。じっくり探したら、六つも見つかった。その多くが軒下に付いている。高さは三メートル以上。「結構高い所まで登っていくもんだなあ。屋根がなかったら、もっと高く登っていたかもしれないなあ」

六つ全部を家の中に持って入り、種類と雌雄を調べた。幸い、前年は環境庁の『身近な生き物調査・セミ』の年だったので、そのパンフレットを使って種類を調べたら、全部がアブラゼミだった。大きさからミンミンゼミかアブラゼミかまでは簡単に絞り込めたんだけど、その後が大変だった（慣れると、そうでもないけど…）。というのも、触覚の節の長さや毛の多さというチョー細かい部分で見分けるからだ。

雌雄は、ぬけがらのおしりの先を腹側から見るとわかる。雌のぬけがらには産卵管の跡が付いているからだ（これはトンボのぬけがらでも同じ）。調べてみたら、すべてが雄だった。

翌八月一日から「セミの夜間パトロール」を始めた。子どもたちを風呂に入れた後、懐中電灯を持って、家のまわり（といっても、一分もあれば一まわりできちゃうけど）を調査するのだ。運が良ければセミの幼虫を見つけられるだろうと思って。

そしたら、初日から運良くセミの幼虫を発見。壁の地上二〇センチくらいの所を歩いていた。どうも、アルミサッシに行く手を阻まれて、それ以上、上に行けないらしい。

「ここで皮を脱ぐかもしれない！」

と思ったので、幼虫の前にドーンとレジャーシートを敷いて、ひろき（当時二歳）と一緒に寝ころびながら、その時を待った。ひろきも、

「ザリガニみたいねえ」

「大きい虫だねえ」

「動いたから、写真とってえ」

とまんざらでもなさそう。一時間ほど粘ってみたが、目の前では脱いでくれなかった。

八月一日から一二日までに、さらに五つのぬけがらを見つけた。そのすべてがアブラゼミの雌だ

った。

「七月中は全部雄。八月になったと思ったら、今度は全部雌。セミたちにはカレンダーがわかっているのかしら？」

と不思議になった。

セミは数年間、地面の下で生活し、地上に出てくる。ということは、セミのぬけがらが見つかるような所は、少なくとも過去数年間、木が伐られたり、土が掘り返されたり、舗装されたりしなかった所——ということになる。ぬけがらが見つかるような所は、今の小学校六年生が一年生のころから環境があまり変わってない場所なのだ。

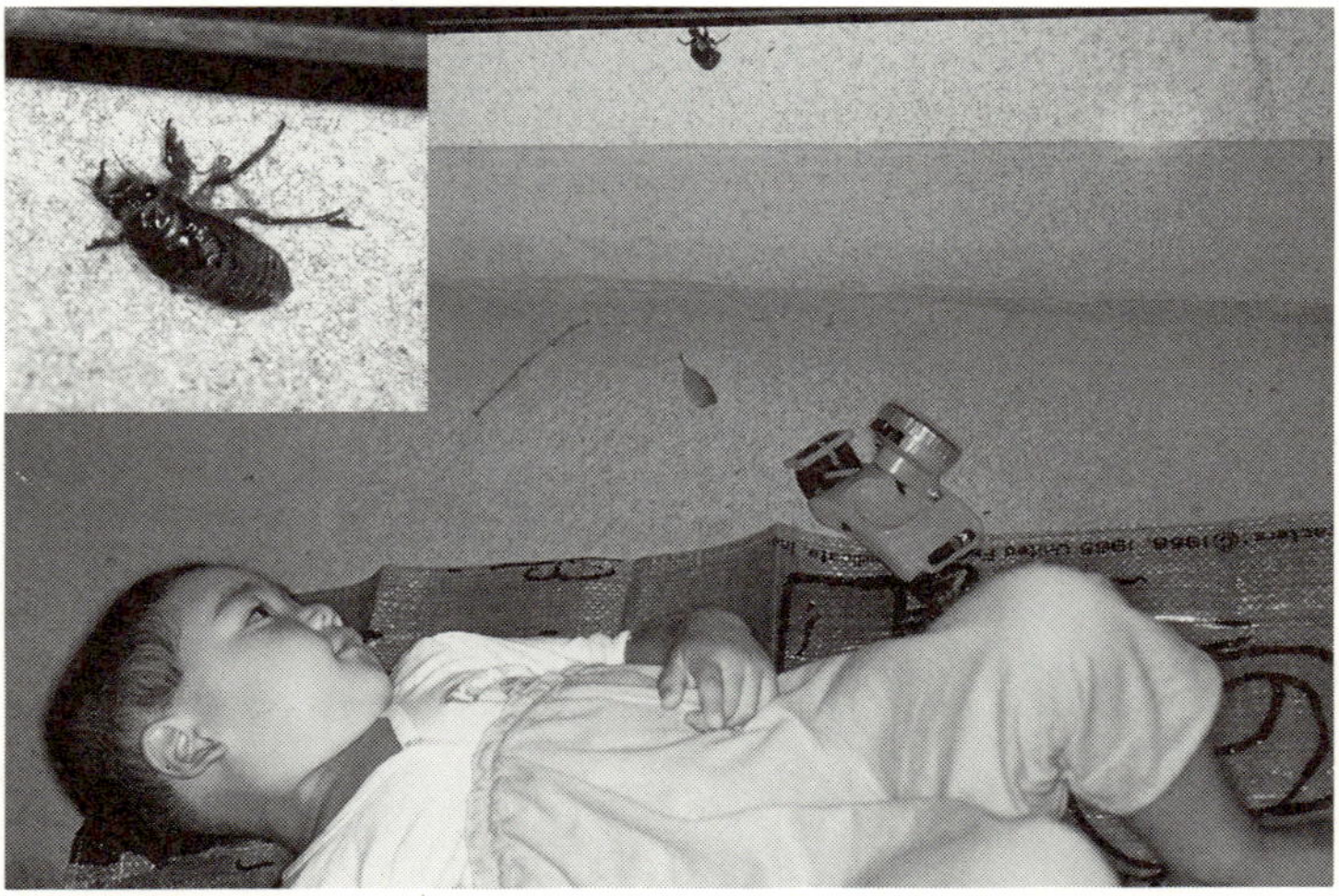

セミの幼虫が壁をはい登っているところを発見．レジャーシートを敷いて，寝ながらの観察．ヘッドライトがあらぬ方を照らしているが，幼虫がかわいそうなのでわざとはずしている．

## ■──夏のスペシャル夜遊び① ホタル

以前、ホタルの観察会をやったら、なんと百人以上の参加者があって、びっくりしたことがある。どうやら珍しい昆虫だと思われているようだが、意外と身近な所にも、数は多くないけどいるものだ。だが、ただでさえ夜間に外出する機会はないのに、あったとしても車を使っての移動なので、ホタルが道にいても出会わない、いや、出会えないのだ。車のヘッドライトとホタルの光では雲泥の差どころじゃないものね。

ぼくの町で、毎年シーズンになるとたくさんホタルが見られる場所があるので、何回か家族で見にいっている。お風呂を済ませた後、車に乗って、さあ、出発。着いたら、子どもたち、さっそくいつもの橋まで走っていった。

「おとうさん、ホタルいるよ～！」

そこで、あわてて虫取り網とフィルムケース、小さな懐中電灯を持って向かう。

遠くのホタルを見るのもいいけど、できたら間近で見せたい。だが、体の小さなホタルを、まだ力の加減がうまくできない小さな子に持たせたりしたら、それこそホタルがかわいそうだ。捕まえるときのダメージもある。そこで、虫取り網でやんわり捕まえ、それをフィルムケースに入れ、ケースごしに目の前で見せている。そして、逃がす直前にケースから子どもたちのてのひらに移し、そこから飛び立ってもらう。

「お父さん、ホタルって熱くないよ」

「くすぐったいよ…あ、飛んだ。なつきの髪の毛に止まったよ」

「ほんとだ。女の子の髪飾りみたい」

「あっ、また飛んだ」

「バイバーイ、またね…」

ここ二年ほど、息子たちが通う保育園の父母にも呼びかけて、『ホタルの夕べ』という観察会もやっている。

なお、ホタルの養殖をやっている所（学校など）があるが、その地域に元々いたホタルを育てるのならまだしも、業者などから手に入れたものを飼うのなら、ちょっと問題だ。というのも、ホタルには地域差があり、育てたホタルを放してしまったら、その地域のホタル社会に大混乱を起こしてしまうからだ。言ってみれば、ホタルには地域ごとに光り方の方言があるので、違う方言を使っているホタルを放してしまうと、愛の告白が通じなくなってしまうのだ。

## ■——夏のスペシャル夜遊び② オオマツヨイグサ

オオマツヨイグサ。別名、月見草。この黄色い大きな花は、目の前で、まるでワンタッチの傘が開くようにパッと咲く。カサカサッという花びらがこすれあう、かすかな音を立てて。

花が咲くと、どこからともなくブーンという低い音が聞こえてくる。この正体はスズメガの仲間。まるでハチドリのように（日本の生き物を説明するのに、外国の生き物に登場してもらうなんて、なんとも変な話だなあ。でも、ハチドリの方がずっと有名だもんなあ）飛びながら、長い口を伸ばして、蜜を吸っていく。

この花が咲くのは、夜というより夕方。日が沈んで、まだあたりが薄明るいころで、真っ暗になるころにはもう満開になってしまう。

あらかじめ生えている所をチェックしておき、夕涼みもかねて散歩がてら、見にいくといいと思う。植物も生きて動いていることが実感できるいいチャンスだ。

ひろきが花に手を伸ばしたことがある。指に花粉がたくさん付いてきて、びっくりした。納豆のように粘りついてくる――という感じだった。この粘着力で、飛びながら蜜を吸っていくスズメガたちのストローのように長い口にくっついていくのだろうか。

オオマツヨイグサが
咲く瞬間.
瞬間芸なので，スト
ロボの充電が間に合
わず，うまく撮れな
いことが多い.

第６章

# 海水浴で自然観察

夏になると、日本各地の海岸は、たくさんの海水浴客でにぎわう。

ビーチボールで遊ぶのも、ビキニのお姉さんをながめるのもいいけど、海は生命を生み育てたゆりかご。

おもしろいよ、海の中を観るのも、磯も、砂浜も、そして干潟も。

## ■――楽しい水中散歩 ～ シュノーケリング

なつき（下の子）が三歳になった夏、初めて泊まりがけで海水浴に行った。次の年は味をしめて、二泊することにした。

場所は伊豆半島の西肩に当たる大瀬崎《おせ》。湾の半分は海水浴場だが、もう半分はダイバーたちでにぎわっている。ここは、ぼくが自然観察の仲間に誘われて、生まれて初めて水中マスクをかぶり、シュノーケルをくわえ、足ひれを付けての「シュノーケリング」を体験した場所でもある。

「せっかく海に来ていたのに、なんで今まで海の中を見てなかったんだろう！」

その時、心の底からそう思った。せっかく海に来ているのに、その海の中を見ないで、海面から上ばかりを見て、波とたわむれる――もちろんそれもおもしろいけど、海の中をのぞく楽しさを知っちゃったら、もうダメ。普通の海水浴が、とたんに色あせて見えてしまう。だって、小さなコバルトブルーの魚たちが群れて泳いでいたり、フェンシングの剣のような針を体じゅうに付けているウニがいたり。時々、大きな魚が視界を横切ったり……。潜らないで、水面でプカプカ浮いているだけでも、本当にいろいろなものが見え、時間が経つのを忘れてしまう。しかも、バードウォッチングと違って、手を伸ばせば届く所に魚が来てくれるのもうれしい。ぼくは、魚におっぱいをつっつかれたこともある。

生まれてから今まで何度か海水浴に出掛けているけど、その日数分、損をした気になってしまった。

　さて、海に着いたら、さっそく息子たちは浮き輪を腰に付けて、海に入っていった。ぼくと妻は水中マスクとシュノーケルを付けて、海に入った。いや、別に子どもたちのことはそっちのけで自分たちだけシュノーケリングを楽しもうというわけではない（時々は、そうしたけど……）。この格好で、息子たちの浮輪に付き合うわけだ。始めのうちこそ、魚を探して歩きながら、息子たちの浮き輪を引っぱっていたが、そのうち、浮き輪を引っぱって歩いている、その足元に魚がたくさん集まってくることを発見した。魚を探さなくても、魚の方からこっちに来てくれるというわけだ。

　ぼくらが歩くとどうしても水底の小石を蹴ちらかしてしまうが、魚たちはその石を盛んにつついている。どうも石の裏についている餌か何かが目当てのようだ。ちょっと長めで黒っぽい筋が入った魚（キュウセン）が多いのだが、中にはあごの下から二本のひげを出して、それで盛んに石に触

海水浴場でこんな格好の親子連れを見かけたら，
声をかけてやってください．

っているユーモラスな魚（ホテルの図鑑で調べたら、ヒメジという魚の仲間らしい）もいた。たまに、水玉模様がなんともかわいい四角っぽい魚（ハコフグ）も見掛けた。

「こんな所に魚がいるんですか？」

うちと同じような家族連れに聞かれた妻は、水中マスクを貸してあげたんだそうだ。

「へー、いるんですねえ、魚が！」

そうです。せっかく海に来ているのに、海の中を見ないで、海面から上ばかりを見ていたのでは、もったいない！

## ■──息子たちもシュノーケリング

妻もぼくも海の中をのぞいて、はしゃいでいるものだから、自然と子どもたちも興味を持ってきた。長男のひろきには、

「お父さんとお母さんばっかりズルイ」

とまで言われてしまった。でも、水中マスクは顔にぴったりでないと、水が入ってきてしまう。これは大人用だしなと躊躇《ちゅうちょ》していたら、妻が、

「それじゃあ、お母さんのを貸してあげる」

ストラップ（ひも）をきつめにしたら、幸い水はほとんど入ってこなかった。ひろきは恐る恐る顔を水につけた…と思ったら、すぐに出してしまった。

「何か見えた？」

「う～ん…」

そんなことを何度か繰り返すうちに、慣れてきたようだ。ぼくらの足元にいる魚をバッチリ見ることができた。

「お父さん、魚、魚！」

その興奮した声に思わずウンウンと相槌を打った。そして、「よし、明日は子ども用の水中マスクとシュノーケルを買ってやろう」と決めた。

たまに、子どもたちを妻に任せて、ぼくは一人で沖へ出た。

「ここから先に出たらいけません」を示す浮きの所まで来ると、底の方はかすんでよく見えない。「あそこに魚がいるぞ」とねらいをつけると、息を吸い込み、一気に潜る。途中、水圧で耳が痛くなってくるから、水中マスクの上から鼻をつまみ、口も閉じたつもりで「フン！」と息をする。すると行き場のない空気が耳の方に流れ込み、キュンと音がする。鼓膜が破れないように、耳の外（水圧）と中（空気圧）の圧力を同じにするわけだ。これを〝耳抜き〟という。耳抜きを終えると、何秒間かの水中散歩が楽しめる。いろんな魚をじっくり見るのも、岩のすき間をのぞくのも、魚の群

いつでも
どこでも
自然観察

## シュノーケリングのすすめ

シュノーケリングをするためには，とりあえず，①水中マスクと②シュノーケル（息をするための筒）と，できたら ③足ひれという三点セットが必要だ．

これを買い求めたり，友達から借りたりして準備しよう．海の中の岩などでひっかき傷を作らないため，また，強い紫外線から少しでも肌を守るために水着の上からＴシャツ等を着るといいだろう．手に軍手をはめれば，さらにいい．

プカプカ浮かびながら魚を見るだけなら特に問題はないが，潜ろうと思ったら，よく知っている人から「耳抜き」の仕方だけはきちんと教わろう．水圧というのはバカにできないもので，水深１ｍ潜っただけでも鼓膜が破けることがあるそうだ．

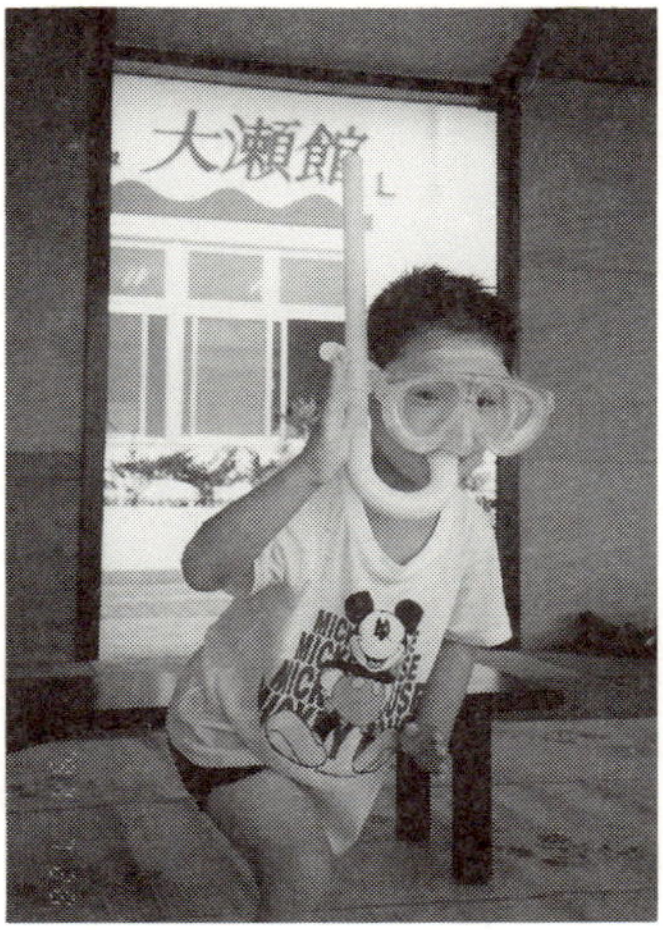


なお，皆さんもご存じのこととは思うけど，海面はいつも一定ではなく，常に上下している．高くなる時を満潮，低くなる時を干潮と言うんだけど，新聞などで満潮・干潮の時刻を調べて，できるだけ干潮の時をねらって海に入った方がお得．なぜなら，満潮の時には深くなる所も干潮の時には浅くなるので，あまり潜らなくても済むからだ．
シュノーケリングを覚えると，海に行くのがほんとに楽しみになりますよ！

れの中に入っていくのも、とにかく楽しい。

何度か「沖通い」を続けたら、また、ひろきに「お父さんばっか、ずるい」と言われてしまった。そこで、三日目、「深い所は怖い」と渋る妻やなつきも連れて四人で深い方に泳いでいった。二人の子どもは浮き輪を付けているので、これをつかんでいれば、そんなに恐怖心も湧かないだろう。ひろきは買ったばかりのマスクとシュノーケルをしている。ぼくが二人の浮き輪についているひもを引っ張る形で先導した。

やったあ！　魚の群れ、発見！　群青色の海の中を赤っぽい、てのひらくらいの大きさの魚が群れてゆったりと泳いでいる。

もちろん、魚たちが見えたことはうれしかったが、それ以上に同じものを（しかも、海の中にいるものを）親子で見ることができたというのが、なんだかとてもうれしかった。

## ■——海辺の散歩

家族でシュノーケリング海水浴を楽しんだ翌朝、早起きして海辺の散歩を楽しんだ。磯で子どもたちがカニを捕っていたので、バケツに入った獲物を見せてもらった。

海辺には、いろいろなものが打ち寄せられていた。その中から、おもしろそうなものを見つけるのは結構おもしろい。砂浜に打ち上げられているものを拾って観察する趣味のことを「ビーチコーミング」と言う。

今朝の散歩では、なつきが魚の死体を発見し、うれしそうに

「お父さ〜ん、おさかな、とった〜！」

と報告してくれた。

ぼくは海に行く機会があると、海辺を散歩して、おもしろいものを拾うことにしている。特に海辺のホテルに泊まる機会でもあれば最高だ。

一一月に出張で、千葉県は勝浦のホテルに泊まったときもそうだった。文部省主催の環境教育の研修会だったのだが、昼は窓もない大きなホールで話を聞き、夜は宴会という、まあ普通の研修会パターン。せっかく目の前には房総の浜が広がっているというのに。これは環境教育の研修会だというのに。

翌朝、ぼくは一人早起きして、浜辺を散

魚の死体を拾い，得意げななつき．
海なし県・山梨の住人にとってこんなもの
でも拾うとうれしくなるのは大人も同じ．

歩した。砂浜に鳥の足跡がたくさん付いていた。漠然と見ていたのではおもしろくないので、ここはひとつ、足跡を追跡することにした。自分の目の前の足跡からスタート。

「お、ここで歩幅が小さくなっている。ゆっくり歩いたのかな」

「ここで足踏み状態だな。何か食べ物でもあったかな」

「ここは歩幅が大きいぞ。走ったに違いない」

「あれ、ここで大きな足跡と交差しているぞ。この足跡はカラスに違いない。カラスがここを通ったのと、この鳥が通ったのと、どっちが先だったんだろう？　それとも、同時かな？」

そんなことを考えていると、その鳥が本当にそこにいるような気がしてくる。

のっけから時間を食ってしまった。せっかく砂浜は広いのだから、もう少し先まで歩いてみることにした。

## ■——浜辺の宝拾い

砂浜にはいろいろなものが落ちていた。すげがさみたいな貝がら。あわびによく似た貝がら。宝貝の貝がら。中華マンみたいなこれは何だろう？…。おもしろそうなものは拾ってビニール袋に入れた。ついでに、ごみも拾って別のビニール袋に入れた。とにかくたくさんのごみがある。はじか

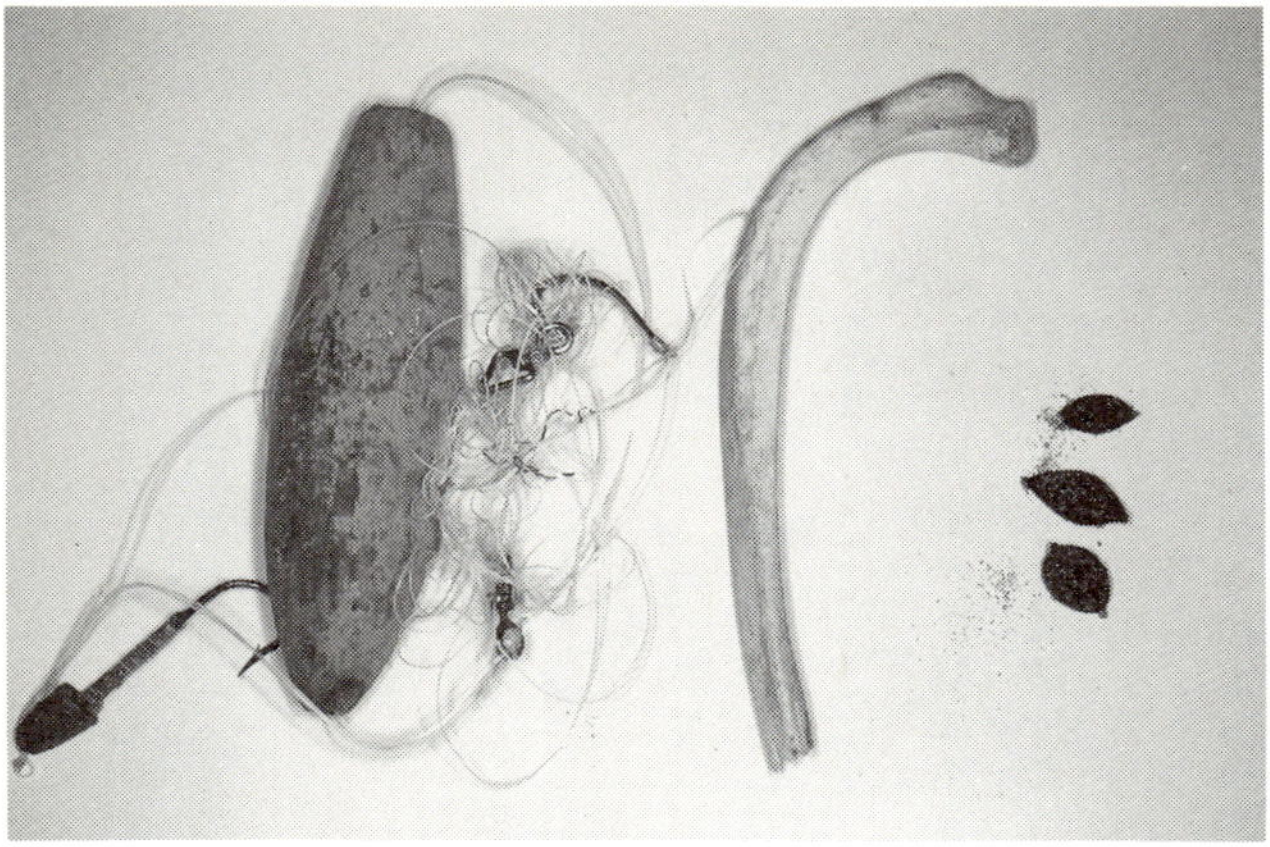

砂浜で拾ったおもしろいものランキング　右から第３位 ホンダワラの浮き袋，第２位 得体の知れない骨，第１位 浮きと針（仕掛け）

ら拾おうとしたって土台無理。そこで、タバコのフィルターやビニール、プラスチックなど、いつまでたっても腐らず、生き物たちが餌と間違えて食べてしまいそうなものを優先した。

拾った〝おもしろそうな〟ものは、家に持ち帰ってから丸二日間真水につけて塩抜きし、充分自然乾燥させてから、お菓子箱に入れてしまった。自分なりに、おもしろいものランキングをしてみよう。

第三位は海藻についていた黒くて丸いもの。最初は実かと思ったけど、ナイフで割ってみても、それらしいものは入っていない。そのうち、海に浮かんでいる海藻の様子を見て、「そうか、これは浮袋だ！」とひらめいた。

第二位は、何かの動物の骨。長い間、波にさらされたからだろうか。すごくスベスベしている。

そして、第一位は釣りの仕掛け。ぼくの住んでいる山梨県は海なし県だけあって、ぼくは漁や海釣りとはまったく縁がない。こんな大きな浮きと針は、初めて見た。漁師さんはこれでどんな魚を釣るのだろう。

とまあ、こんな感じで、どこかの海に出掛けるたびに、ビーチコーミングしては〝おもしろいもの〟を菓子箱に入れてコレクションにしている。沖縄では「菊目石」と呼ばれるサンゴの骨格が拾えたし、高知ではイカの甲《こう》を見つけた。

そうそう。浜辺で、お菓子のグミみたいな色をした半透明のかけらが見つかることもある。

「このきれいなのはいったい何だ?」

と、とても気になったが、金属の小さな棒でたたいてみたら、その正体がわかった。ガラスの成れの果てだったのだ。ガラスの破片が波で磨かれ、〝曇りガラス片〟になったんだろう。透明、緑、茶色、水色、青、……。いろんな色があって、なんだかきれい。幾つかをワイングラスに入れて、水を注ぎ、小さな花でも生ければ、ちょっとしたインテリアになるだろうな。

その他にも……

海岸で拾った菊目石.
さんごのかけらなのだそうだ.

・山から来たものは？
・南の海からやってきたものは？
・外国からやってきたものは？
・漁師さんが使っていたものは？
・人が捨てたものはたくさんあるだろうが、その中でも傑作なのは？　……

こんなふうに課題を絞ってゲーム感覚で見つけるのも楽しいし、また、なんだか得体の知れないものを拾って、それが何なのかを、推理するのもおもしろい。一人でやるより、親子や友達と推理し合う方が、いろんな見解が出されるから、ずっと楽しいと思う。

## ■——貝がら拾いで生態学の勉強

三重の砂浜では、自然観察の研修会として「砂浜の貝がら徹底調査」をしてもらったことがある。

第一段階は種類調査。

「ここにいろいろな貝がらが落ちていますね。全部で何種類くらいの貝がらが落ちているんでしょうか？　それをみんなで調べてみましょう」

一人でやるのは大変だが、たくさんの目と頭があると、こういう作業は楽しくなる。しかも、こ

一定の面積の中の貝がらをとにかく全部拾って，同じ種類と思われるものを並べたら，砂浜に貝がらの棒グラフができた．

んなやり方なら、貝に詳しくない人でも充分参加できる。いろんな所からできるだけ違う種類の貝がらを集めてもらい、

「これとこれは同じだよね」

「だけど、これとこれは違うよね」

と仲間分けをした。結果、そこの砂浜には全部で一五種類ほどの貝がらがあることがわかった。

　第二段階として、どの種類の貝がどれくらいあるかを調べることにした。

　落ちていた棒で直径二メートルほどの円を書き、

「この中にある貝がらをぜ～んぶ拾ってください。そして、同じ仲間同士を集めましょう」

　さっきの一五種類を一種類ずつ画用紙にのせて、横に並べた。円の中で拾った貝がらを、画

用紙上の貝がらと見比べて、同じだったら、そこに並べていく。作業が終われば、横軸に種類、縦軸に個数をとった〝実物棒グラフ〟が出来上がるという寸法だ。

この作業、思った以上に大変だった。たった二メートルだが、その中にあること、あること。結構疲れた。

さて、結果。特に多いのは二、三種類に限られた。あとのものはあってもせいぜい一〇個くらいだ。多い順に並べたら、ちょうど小学校で習う「反比例」のグラフみたいになった。

「個体数が多い種類は少なく、少ない種類は多い」という生態学の法則があるが、まさにそのものだった。

参加者の中に、貝に詳しい人がいたので、前に出てきて説明してもらった。おもしろかったのは、拾った貝の中に、ちょうどピアスを通す穴のような小さな穴が開いている貝がらがいくつか見つかったこと。どんなふうにして開いたんだろう？　これは、ツメタガイという貝が他の貝に穴を開けて中身を食べた跡なのだそうだ。この貝がどんなふうに硬い貝がらに穴を開けるのか見てみたいものだ。

## ■——潮だまりは、海の天然水族館

牧丘第三小学校の子どもたちと修学旅行で三浦半島のホテルに泊まった。ホテルの目の前が磯。予定より早くホテルに着いたので、磯遊びに出掛けることにした。

さっそく子どもたちは三々五々散らばった。最初に子どもたちの興味を引いたのは、カニやヤドカリ。どうにかして捕まえようとするのだが、カニはすばしっこくて、なかなか捕まらない。もっぱらカニは男の子たちに追い掛けられ、ヤドカリは女の子たちのペットになっていたようだ。

岩にペッタリ吸盤のように付いているヒザラガイという貝がある。子どもたちの目の前で、スパッと貝を剥がしてみせた。みるみるうちに、貝が丸まってくる。まるでスルメを焼いてるみたい。

「この貝はヒザラガイと言うんだけど、先生みたいに、この貝を剥がしてごらん」

「よし!」

磯もおもしろい．いろんな種類の生き物が見つかる．

子どもたちは挑戦し始めた。ところが、なかなかうまく剝がせない。剝がそうとすると、貝の方も力を入れて剝がされまいとするので、余計ペッタリとくっついてしまうのだ。そこを無理やり剝がそうとしても、無理。強力な吸盤を無理やり引っ張っても取れないのと同じだ。ヒザラガイを剝がすには、ちょっとしたコツが必要。みなさんも、ぜひやってみてください。

貝がらはたくさん打ち上げられているし、潮だまりにはイトマキヒトデもいた。

そうそう。アメフラシには、みんなびっくりしていた。色がなんとなく不気味だし、どこが頭でどこが尻なのか、よくわからない。水の中から持ち上げてみると、ヘナッとなってしまうし、手触りもブヨブヨしてる。おまけに、かなり大きいときている。気持ち悪さ半分、興味半分で、たくさんの子が集まってきた。

「背中をさわってごらん」とぼく。

一人が恐る恐る、手を出した。

「あれ、硬い所があるよ」

「そこに何が入っていると思う?」

「…骨?」

「これはイカやタコと同じ軟体動物の一つで、骨は持っていないんだよ。じつはね、これは貝がらのなごり。貝がらがどんどん退化して、貝がらの中に入っていた体が出てきて、こんな体になっちゃったのさ」

「へー、先生、オレもさわってみたい」

「私も！」

というので、子どもたちに渡した。しばらくしたら、子どもたちの悲鳴が聞こえてきた。行ってみると、アメフラシを持った子の顔が青くなっている。

「先生、アメフラシがなんか変な汁を出した」

「先生、これ、毒？」

　アメフラシは、脅かしたりすると、身を守るために紫色の液を出す。ほんとにきれいな紫色だ。そういえば、初めてアメフラシにこの液を浴びせられたときに、友だちから毒だぞって脅されたっけな。もちろん、子どもたちにはそんな意地悪はしなかったが。

　岩と岩のすき間に、ドス黒くてブヨブヨしたものがいっぱいあった。ビー玉くらいの大きさのものが多かった。見るからに毒々しい。何かわからなかったので、帰ってからホテルの人に聞いたら、これはオイルボールといって、船から捨てられた廃油が波でボール状になったものだそうだ。こんなもので海や海岸が汚されているんだな。

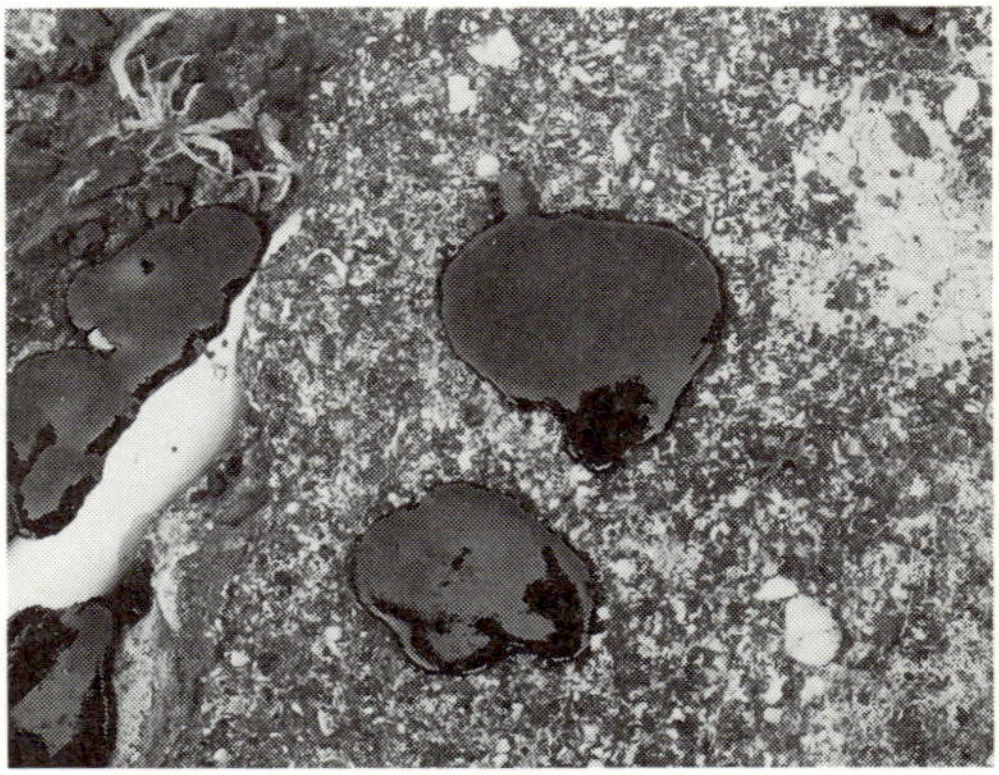
オイルボール.「なんだ，こりゃ？」と一つ見つけると，気になるからか，どんどん見つかるようになった.

## 第７章

# スキーに行っても自然観察

圧雪されたゲレンデ、思わずリズムを取ってしまうBGM。
レストハウスはきれいだし、車で簡単に乗り付けられる。
でも、ここは冬山。ゲレンデだって、その一部であることに変わりない。
そして、ゲレンデから一歩踏み出すと、そこに待っているのは………!

## ■——スキー教室で自然観察

山梨県にはスキー教室を実施している学校が多い。今までぼくが勤務した学校はすべてスキー教室を実施していた。

スキー教室では「ゲレンデ」で「アルペンスキー」の初級講習をするわけだが、せっかく「雪山」に出掛けるのだから、自然観察の要素も取り入れたいとかねがね思っている。だが、バス代や宿泊費をかけて遠くまできているのだから、スケジュールは目一杯。雪山自然観察の時間は取れないしかたないので、ゲリラ的にやっている。

例えば、休み時間。リフトで上まであがって、そこで休憩を取るようなことがあったら、他のスキーヤーの邪魔にならないよう、ちょっとはじに寄る。

「さあ、スキー板を外して休もう」

スキーに慣れない子どもたちはほっとしている。これで自分の意思とは無関係に滑ってしまう心配はない。ちょっとキャンディーでもなめて体が休まったころ、

「じゃあ、これで歩いてみようか」

と誘ってみた。スキー靴なんて、まるでアニメに出てくる巨大ロボットの足のよう。足首が固定されているのでとても歩きにくいのだが、それでも子どもたちはおもしろがって、雪の中をはしゃぎ

回り始める。

　圧雪車が入っている所は雪が踏み固められているので普通に歩けるが、一歩ゲレンデから踏み出すと、そこはもう本当の雪原。スキー板をはかないで行こうものなら、ズボッ、ズボッともぐってしまう。子どもたちにとっては、そんな状況がかえっておもしろいらしく、キャンキャン笑いながらズボズボ歩いていた。

　たったこれだけのことだが、雪の深さを実感できるし、雪に沈まないスキーの便利さ・ありがたさも身に染みてわかったようだ。

■――ゲレンデの足跡

スキー板を外して，雪の上の足跡の観察．
「どっちからどっちへ行ったと思う？」

リフトに乗りながら下を見ると、野生動物たちの足跡が結構目につく。見つけたら、子どもたちに大声で教えてやる。

「お～い。下を見てごら～ん。これ、なんかの動物の足跡だよね～」

リフトに乗りながらだと、声をかける程度しかできないが、滑って降りながら、同じ足跡が見つかることもあるので、そんなときは、急きょ、観察会になる。グループの子どもたちを集めて、スキー板を外させた。履いたままでは自由に歩けないからだ。

まずは少し遠くから観察し、気付いたことを話してもらった。

「どんなふうに続いてるかな?」

「森の中から出てきて、ここを下って、また、森の中に入って行った」

「その反対じゃない?!」

「ここでは行ったり来たりしていたようだよ。足跡が二重に付いてるもの」

それから少し近付いてもらった。(以下は次のページの写真を参照して下さい)

「この動物は四本足の動物だよね。だったら、足跡の一セットは、どこからどこまでか、わかる?」

「そうそう。これが一セット。だとしたら、この動物の大きさはどれくらいだと思う? 両手で『これくらい』と想像してみて」

各自、「これくらいかなあ」と首をかしげながら、両手で足跡の主を抱《だ》き抱《かか》えるような格好をしてくれた。

「これはね、ノウサギの足跡なんだよ」

子どもたちは「へー」と言いながら、どうも学校で飼ってるウサギが雪の中を駆けている姿を想像したらしい。

「ウサギの前足と後ろ足とどっちが大きいかなあ。…そうそう。後ろ足だよね。だから、この長くて大きいのが後ろ足の跡。こっちの小さいポチポチしたのが前足の跡だよ。だったら、うさぎはどっちからどっちへ行ったでしょうか？」

「先生、そりゃあヒントの出しすぎだよ」と言いながら、全員が⇦の答。

「そう思うでしょう。じつは、ウサギが駆けるときって、ちょうどみんなが体育で跳び箱を跳ぶときみたいに、前足を着いてから、その前に後足が地面に着くの。だから、後足が着いている方が進行方向なんだよ。全員はずれで、答えは⇨でした！　おっと、休み時間はこれで終わり。ここから少しずつまた滑っていくよ。先生の後をついてきてください」

ウサギの足跡．４つの穴がワンセットで，大きめの穴が後ろ足．

## ■――雪山の夜の話・朝の散歩

スケジュールが目一杯のスキー教室だが、夜と早朝は空いている。そこで、霧ヶ峰のスキー場でスキー教室をしたときには、近くの山小屋のご主人・田口 信さんをゲストに招いて、お話を聞いたこともあった。田口さんは雪上自然観察会のベテランで、ぼくと同じ自然観察指導員だ。

夕食後、田口さんはたくさんのスライドと本物のクロスカントリースキーを持ってきてくださった。

まずはスライドで田口さんの山小屋『鷲ガ峰ヒュッテ』の様子や、雪の上に残された、様々な野生動物のサイン、雪と風が作ったアート作品の数々を見せてくださった。

そして、そんな楽しい雪の世界に飛び出す道具としてのクロスカントリースキーの説明もしてくださった。子どもたちは実際にスキーにさわらせてもらい、

「わー、軽い!」

「へー、裏がでこぼこしてる」

と、感心していた。

田口さんも、なかなか役者で

「え、みんなせっかくここまで来ているのに、ゲレンデで滑っただけで帰っちゃうの? もったい

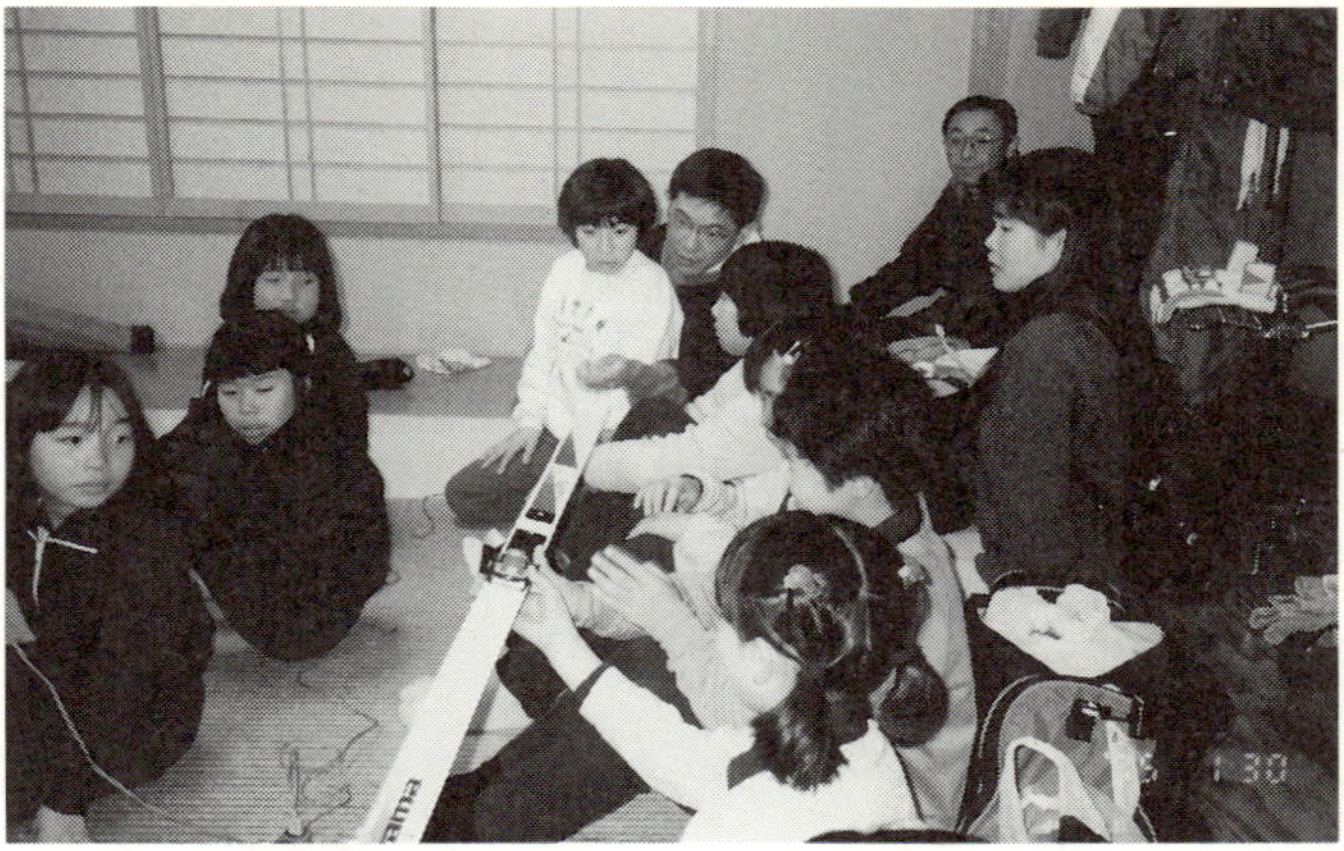

スキー教室・夜の話．クロスカントリースキーを持たせてもらった．
自分たちが昼間はいたスキーに比べ，軽いこと軽いこと！

ないなあ」

と、ぼくの言いたいことを言ってくれた。この夜は、子どもたちにとってよっぽど印象に残ったとみえて、学校での作文の時間に多くの子が書いていた。

「スキー教室・夜の話」は予算措置を伴うので、実現するのに手間がかかったが、「雪山・朝の散歩」は、自分が眠いのを我慢すればいいだけだったので、すぐにできた。

子どもたちに、

「明日の朝、散歩に行くから、行きたい人は六時にホテルの玄関に集合すること。寒いので、暖かい格好をしてくるんだよ」

と話すと、

「先生、ゼッタイに行きたいから、もし寝ていたら起こしてね」

と、何度も念を押された。

翌朝、朝日が昇る前にホテルの玄関を出た。吐く息が白い。駐車場のトイレの建物のまわりに小さな足跡がたくさん付いていた。左右の足跡の真ん中にずっと線が付いている。

「いったい何の足跡だろう?」

「きっとちっちゃい動物だよね」

「リスかなあ」

「足跡の真ん中の線はいったい何だ?」

「???」

「ねえ、これ、しっぽの跡じゃない?」

「そうか、わかった! ちっちゃくて、しっぽの長い動物だから……ネズミだ!」

と、子どもたちは推理したのだが、当たっているだろうか?

白い息を吐きながら、ゲレンデを登った。雪は踏み固められているので、防寒靴でも雪に埋まることはなかった。途中、ウサギの足跡を目にした。

ゲレンデを登りきり、そこでちょうど日の出を見た。太陽の反対の方向にある山々が朝日に当たって、それはそれは美しかった。カメラを持ってこなかったことに気付いたときは、もう遅かった。

リフトの建物の回りにも、さっきと同じ小さな足跡がたくさん付いていた。

「先生、スキー場って、山の中にあるんだね」

子どもたちにそう言われ、とっさにどう答えていいかわからなかった。考えてみれば、せっかく雪山に来ているのに、昨日は一日スキーばかり。滑っている最中は回りの景色を見る余裕なんてない。初心者の子どもたちだから、なおさらだろう。雪山に来ているという実感が、ようやく持てたというわけだ。

## ■──雪の野山を歩くスキーで

ゲレンデスキーは楽しいし、もちろんスキー場でも、そこここに野生の息吹が感じられる。だが、スキー場で見られるものには限りがある。

一方、スキー場のすぐ近くでも、一歩ゲレンデから飛び出せば、野生の世界が広がり、より多くの生き物たちとの出会いがある。それは、整地されたグラウンドで遊ぶのより、原っぱで遊んだ方がずっと楽しいのと似ている。

もちろん、普通の靴では、そんな雪の野山は自由に歩けない。ズボズボ埋まってしまい、悲惨なものだ。そこで威力を発揮するのが、かんじきや歩くスキーだ。

ぼくが初めて歩くスキーを体験したのは、学生時代。福島の裏磐梯にある少年自然の家を借りて、

雪の林をスキーで歩く．かかとが上がるし，軽いので，スニーカー感覚で履けるクロスカントリースキー．これは長野県白馬にて．

いつも観察会に来てくれる子どもたちを誘って『冬の自然教室』を実施したときだ。とにかくスキー板が軽いのと、うまく歩けばなんとスキーで坂道が登れることに感動した。が、丘を登って降りる段になり、

「止まるときはどうしたらいいんですか～？」

と聞いたら、下の方から指導員の方が、

「平らな所に出て自然に止まるまで我慢してください。それがダメなら転んでくださ～い」

と指導してくださり、こりゃ大変なスキーだと感じた。

二回目は、山梨の観察会仲間と八ヶ岳の山小屋で歩くスキーを借りたこと。山小屋のおやじに滑り方を習ったのだが、とてもあんなふうにシュッ、シュッと曲がることなんてできない。しかも、アルペンスキーと違ってエッジがないから、いく

らスキーを「ハの字」に開いてボーゲンしても減速できない。半日間、講習を受けてスキーに慣れたには慣れたが、技術はまったく未熟なまま、歩くスキーでのハイキングに出発した。途中で動物たちの足跡を見つけたりしてワクワクしたが、やっぱり下りではスピードがついてしまうのを我慢して、平らになって自然に止まるのを待つか、転ぶかしか方法がなかった。雪山の自然観察はもちろん楽しかったけど、帰りの下りのことを考えると、なんかうんざり……という気分だった。

「う～ん、やっぱり歩くスキーも、ゲレンデスキーみたいに何回か通って、ちゃんと技術を磨かないとダメか」

と思っていた矢先、ひょんなことで、発想の転換が訪れた。

長野県白馬での歩くスキーを使っての自然観察会のスタッフを頼まれたのだ。事務局の今井信五さん（やっぱり自然観察指導員）に、

「え～、雪の野で、スキーを履いて自然観察なんて、やったことないし、とてもできませんよ」

と断ったのだが、

「な～に。野山を歩くのに履いているスニーカーを、雪の野山用に『歩くスキー』に履き換えるだけのこと。やってることは普段の観察会と同じだよ」

と言われ、滑る技術にこだわっていたぼくは、狐につままれたような気分だった。

でも、考えてみれば、そうなんだよね。歩くスキーなんていうと、オリンピックのスキーマラソ

雪の林での，スキーを履いての自然観察会．一番右がぼくです．
これは福島県安達太良山麓にて．

ンみたいなのをつい想像してしまうんだけど、もともと北欧の人たちが、生活のために編み出した道具にすぎない。日本にも、同じような発想で受け継がれているかんじきがある。これらを履くと、深雪でも雪に足が埋もれることなく歩くことができる。これを自然観察に利用させてもらっているだけなのだ。

今井さんにうまく丸めこまれて(?!)、観察会のスタッフを引き受けることになった。ただし、「夫婦で下見に行くので、付き合うこと」という条件をつけた。

行ってみたら、白馬の観察会のコースは、ほとんど平らだった。これなら高い技術は必要ない。初心者は慣れるまでが大変だが、まあ歩ければ、それで十分。滑り降りる場面がないので、怖い思いをしなくても済む。こんな所なら、安心して歩くスキーの観察会ができるなと思った。
さっそく妻と一緒に歩くスキーで森の中へ入っていった。

## ■――雪の森で見つけたもの

雪の森の中に入る経験なんて、ほとんどない。歩くだけで、なんだかウキウキしてきた。だが、ちょっと歩いて少し冷静になってくると、どうも森の表情が変だ。森の中には、背の低い木や草なんかが生えている。特に、この森のように背の高い木が密集してない森だったら、なおさらいっぱい生えていて、歩きにくいほどのはずだ。ところが、なんか森がスキスキしている。太くて、森の天井まで背が届いているような木以外は、あまり木を目にしない。また、森と野原の境界では、森の木やつる草などが、ちょうど森の壁のように立ちふさがっているものだが、それも目立たない。おかしいなあと思いながら歩いていたら、道路にぶつかった。

道路は雪の崖の下に見える。こわごわのぞき、「スキーが滑ったら怖いなあ」と思って、ハッとした。そうか、雪がたくさん積もっているから、道路がこんなに下に見えるんだ。ということは、森の中にも雪がいっぱい積もっていて、それでやぶや背の低い木が隠されているんだ。雪が降ると歩くのに難儀するとばかり思っていたけど、森の中を歩くには、やぶなどが隠れてずっと便利になる

わけだ。

夏の地面はずっと下。つまり、今は空中散歩をしているようなもんかと思うと、なんだか楽しくなってきた。梢についている木の芽をさわって、

「この冬芽、本当なら手の届かない所にあるんだ」

とか、枝先の木の実を手に取って、じっくり見て、

「ほんとなら、こんな高い所の木の実、取れないんだよなあ」

と思ったりした。

急に「バサバサッ」という大きな音がした。急いで（と本人たちは思っているのだが、方向転換に時間がかかって、見ている人からはあまり早く見えなかったと思うけど）音の方に行ってみた。見ると、雪の上に奇妙な跡が付いている。いったい、ここで何が何をしたんだろう？　とりあえず、動物の足跡には見えない。左右対象に同じ形が並んでいる。そのペアが幾つか並

んでいるのだが、だんだん小さくなり、ある場所からは完全に消えている。ここから先、いったいこいつはどこに消えたというのか？

反対側を見て、謎が解けた。そこには、まさしく鳥の足跡があったからだ。つまり、そこにキジとかヤマドリとかの大型の鳥がいて歩いていたのだが、何かに（ぼくらに？）驚いたのか飛び立ったのだろう。左右対象にいくつか並んでいたのは、おそらく飛び立つときに、翼が雪に当たってできた模様なのだろう。

途中でウサギの足跡を発見した。これがウサギの足跡で、進行方向がどっちかということは、すぐわかった。

「ということは、この足跡をずっと追跡すれば、いつかはノウサギの姿を見ることができるわけだ」

ワクワクしてきた。さっそく雪山の捜索を開始。森も野原も畑も横切って、ずんずん進めるのがいい。

「オリエンテーリングするのは楽だろうな。方位磁石を持って、この方向と決めたら、何があろうとまっすぐ進めるんだもの」

途中でウサギのふんを見つけた。コロコロしていて、チョコレートのお菓子みたいだ。おしっこ（？）の跡も見つけた。？をつけたのは、色が黄色ではなく赤だったからだ。血という感じでもない。透明な赤。

「これって本当にウサギのおしっこ?」

と、しばらく考えていて、ふと顔を上げたら、森の中をウサギが走っていた。体の色はまっ白。ぼくは、ぼう然と、そのウサギを見送った。

しばらくして、ハッと我に返った。そして、ウサギに対して申し訳ない気持ちでいっぱいになった。ぼくは自分の興味を満たすために足跡を追いかけてここまで来たのだが、雪の上の証拠は絶対に消えない。たどっていけば本人に会えるのは当たり前だ。ぼくは知らず知らずのうちに、ウサギたちを脅かしていたわけだ。皆さんはこんなことしないでね。

第8章

# 旅先で自然観察

もちろん、ぼくには自然観察がお目当ての旅行に出掛ける機会がたくさんある。

が、そのほかにも、職場の慰安旅行、育成会の旅行、家族旅行、研修旅行、出張。いろんな旅行の機会がある。

どれも自然観察とは関係ないが、自分の地域とは違う自然を観察する、とってもいいチャンス。

これを逃す手はないゾ。

## ■――〝即席〟自然観察会――長野県

「ねえねえお母さん。あれ、鳥でしょう？　鳥だよね。ねえ、そうでしょ？」

一人で上高地を訪ね、遊歩道を歩いていたときのこと。ぼくの前を歩いていた家族連れがこんな会話をしていた。確かにどこからか「ピーピー」と甘えるような声が聞こえてくる。

ぼくは立ち止まって声の主を探した。家族連れはもうずっと先を歩いている。

あ、いたいた。木の陰に隠れていたんだ。かなり大きな鳥だ。

さっそく双眼鏡で見てみた。胸に横しまがあるので、たぶんカッコウの仲間だろう。でも、あの鳴き声からすると、まだ子どもみたいだなぁ。よく見ると口元がまだ裂けてる。こりゃ、子どもに違いないや。とすると…。

ぼくは双眼鏡でカッコウの雛をながめ続けた。すると、やはりそこは有名な観光地。たくさんの人がぼくの横を通って行く。

さらに待った。と、「チッ、チッ」という声が近付いてきた。それにつれてカッコウの雛も大きな声で鳴くようになった。

カッコウの雛がひときわ大きな声で鳴いたなと思ったら、ウグイス色の鳥が雛のすぐわきに止まって、大きな口を開けている雛の口の中に餌を入れているではないか。大きな口の中は真っ赤だった。ウグイス色の鳥（たぶん本当にウグイス）はカッコウの雛よりずっと小さかった。

カッコウが他人（ほかの種類の鳥）の巣に卵を産んで育ててもらう（託卵）という話は本で知っていたが、その現場を見たのは生まれて初めてだった。しかも、それは遊歩道のすぐわき二メートルくらいの木の枝でのことだった。

こんなおもしろいシーンが見られるのに、みんな知らないでどんどん通り過ぎてしまう。ぼくはいたたまれなくなって、ちょうど通りかかった、かわいい双眼鏡をかけている男の子に、

「ねえねえ、あそこに鳥が見えるんだけど、わかる？」

と声をかけ、その親子相手に二〇分ほどの即席自然観察会をやってしまった。

＊ウグイスの巣に託卵するのは、ホトトギスだそうだ。カッコウもホトトギスも姿はとてもよく似ている。鳴き声は全然違うけど。

## ■――トンボ王国の舞台裏――　高知県

『トンボ王国へようこそ』（岩波ジュニア新書）という本がある。知らない間にどんどんいなくなっているトンボ。著者である杉村光俊さんたちが、そんなトンボたちの聖域（サンクチュアリ）を作っていく過程を書いた本である。トンボ王国は、四万十川河口近くの中村市にある。今回、ぼく

トンボ王国は雑木の山に囲まれた元田んぼ．なんかとっても懐かしい風景だ．

トンボ王国の裏山は宅地造成地？　写真のもっと手前に赤茶色の平地が
広がっていた．すぐ右に見えるのが，四万十トンボ自然館．

は高知県・（財）日本自然保護協会共催の自然観察指導員講習会のために高知に来ている。せっかく来たのだから、ここは絶対に見て帰りたい。

中村市内から歩いてトンボ王国に向かった。途中、四万十川の赤い鉄橋を渡る。川では何人か、若者が泳いでいた。

トンボ王国は、住宅地のはずれにあった。いわゆる谷津田だ。両側にちょっとした雑木の山があり、その間の谷に田んぼが細長く続いている。駐車場のすぐ横に、ログハウスっぽい立派な建物がある。これが『四万十トンボ自然館』か。この中は、あとでゆっくり見学させてもらうことにして、まずは、トンボたちの生の姿を見せてもらおう。

おっ、さっそくトンボがいる。浅い水路の枯れ枝の先。オニヤンマみたいに、黒地に黄色のラインが入っている。しっぽがせんすのように広がっている。これ、タイワンウチワヤンマというのだそうだ。そうか、せんすじゃなくて、うちわか。

ちょっと歩いてみた。見た目には、休耕田といった感じ。実際、谷津の奥の田んぼはまだまだ現役で、ちょうど刈り取り作業のまっ最中だった。王国内の一つ一つの田んぼの水の深さや、そこに植えられている水生植物の種類が違う。スイレン、コウホネ、タヌキモ、ホテイアオイといった植物が水面にきれいな花を咲かせていた。なるほど、いろいろな水環境を用意すれば、それだけたくさんの種類のトンボに来てもらえるというわけか。

それに、さっきタイワンウチワヤンマが止まっていた枯れ枝。同じような枯れ枝が水路や田んぼの中にたくさん見られる。これも人が用意したものなのだろう。やごから成虫が羽化するときに使ったり、成虫が羽を休める場所になるのだろう。

一つの田んぼに、ちょうちょみたいにヒラヒラ飛ぶトンボがいた。羽は輝く紺色だ。これはその名もチョウトンボ。ヒラヒラゆっくり飛んでるくせに、別のチョウトンボが近付くと、ダーッとダッシュして凄い勢いで追い払っていた。きっと縄張りを守っているのだろう。あっ。別のチョウトンボが近付いた。でも、今度は追い払わない。追い払わないどころか、そいつの上空を、まるで援護するように飛び始めた。下のチョウトンボが産卵を始めた。そうか、雌だったんだ！

にわか雨が降り出した。トンボ王国には人が結構たくさん来ていたのだが、クモの子を散らしたみたいに、いなくなった。残ったのは、ぼくだけ。チャンスだ。こういうときこそ、きっといいことが起きる。

ぼくの予感は的中した。ぼくが傘をさして地面に座りこんでる目の前の枯れ枝に、一羽のカワセミがどこからともなく飛んできて止まった。そして、ずぶぬれになりながら、何回か水の中に突っ込んでは、元の枯れ枝に戻った。双眼鏡をのぞきながら、ぼくは

「今度こそ、食いものを取って来いよ」

「よし、そこだ！　がんばれ！」

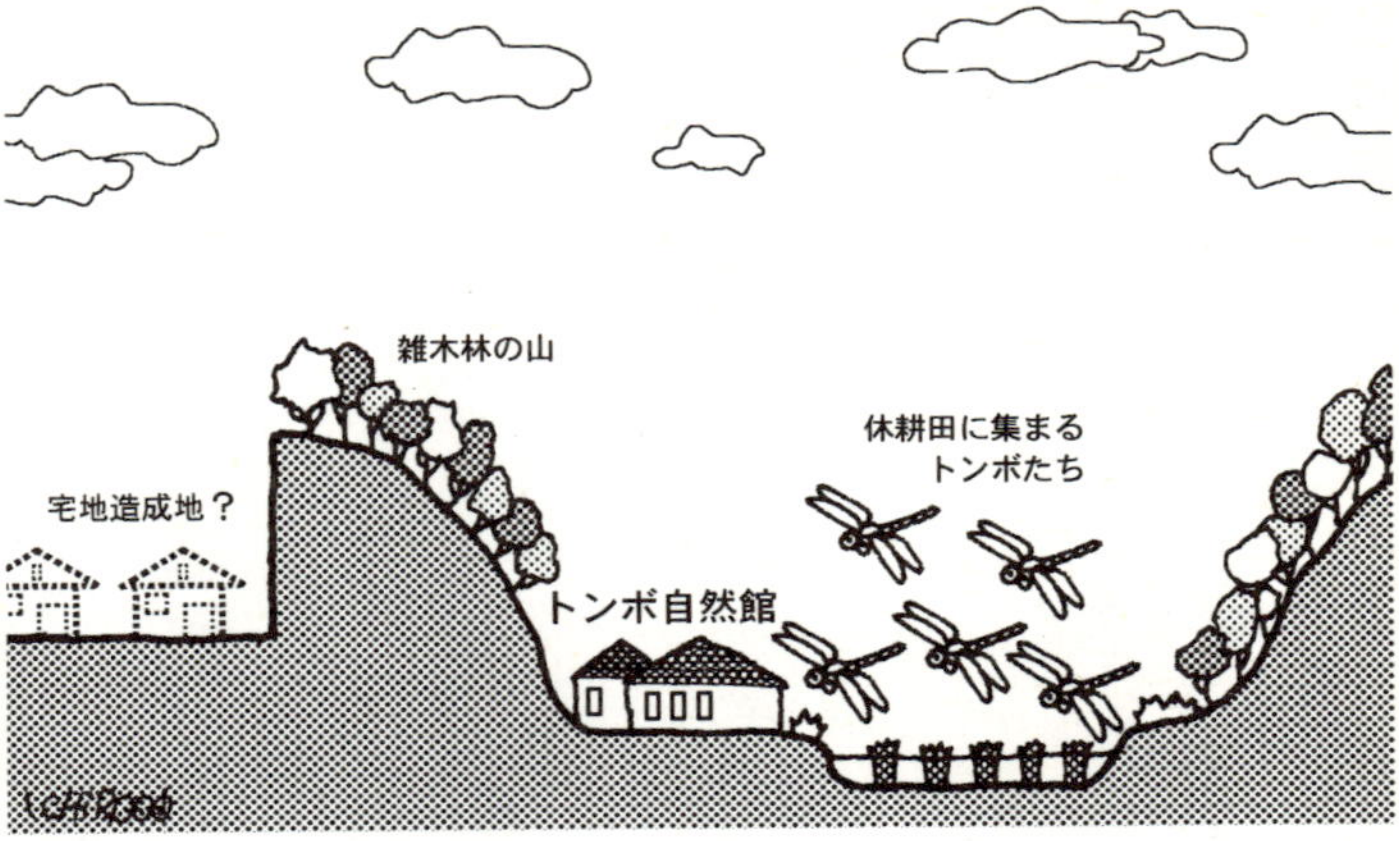


と、つぶやくのだが、カワセミは全部失敗した。一〇回もダイビングしたのに。

そのうちに雨は上がり、トンボ王国に人気《ひとけ》が戻ってきた。カワセミもどっかに飛んで行ってしまった。あぜ道を歩いてたらヤマカガシというヘビを二匹も見た。水の中にはカメもいた。トンボだけじゃなくて、いろんな生き物がいるんだな、ここには。

四万十トンボ自然館の中もゆっくり見学したし、さて、帰ろう……トンボ王国を振り返って見た。ん？　あそこ、どうも気になる。駆け寄って建物のすぐ裏山に登ってみた。

びっくりした。トンボ王国の裏山の裏側は、なんとスッポリ切り崩されていた。見事なまでに垂直だ。そして、赤茶けた土地がだだっ広く広がっていた。宅地造成地に違いない。トンボの楽園も、人間が作った砂漠の中にポツンと取り残された小さなオアシスってわけか。

## ■——巨大ナメクジの快感——新潟県

新潟県の自然観察指導員講習会は、ブナの森に囲まれた静かな宿が会場だった。雨上がりの朝、森に散歩に出掛けた。まだ湿気があるからだろうか。大きなナメクジがブナの幹をはっていた。そいつの前にしゃがんで、しばらく見ていた。

ブナの木で見つけた巨大ナメクジ．
大きいでしょう！

ナメクジの前に手を置いてみたら，
どんどん近づいて……

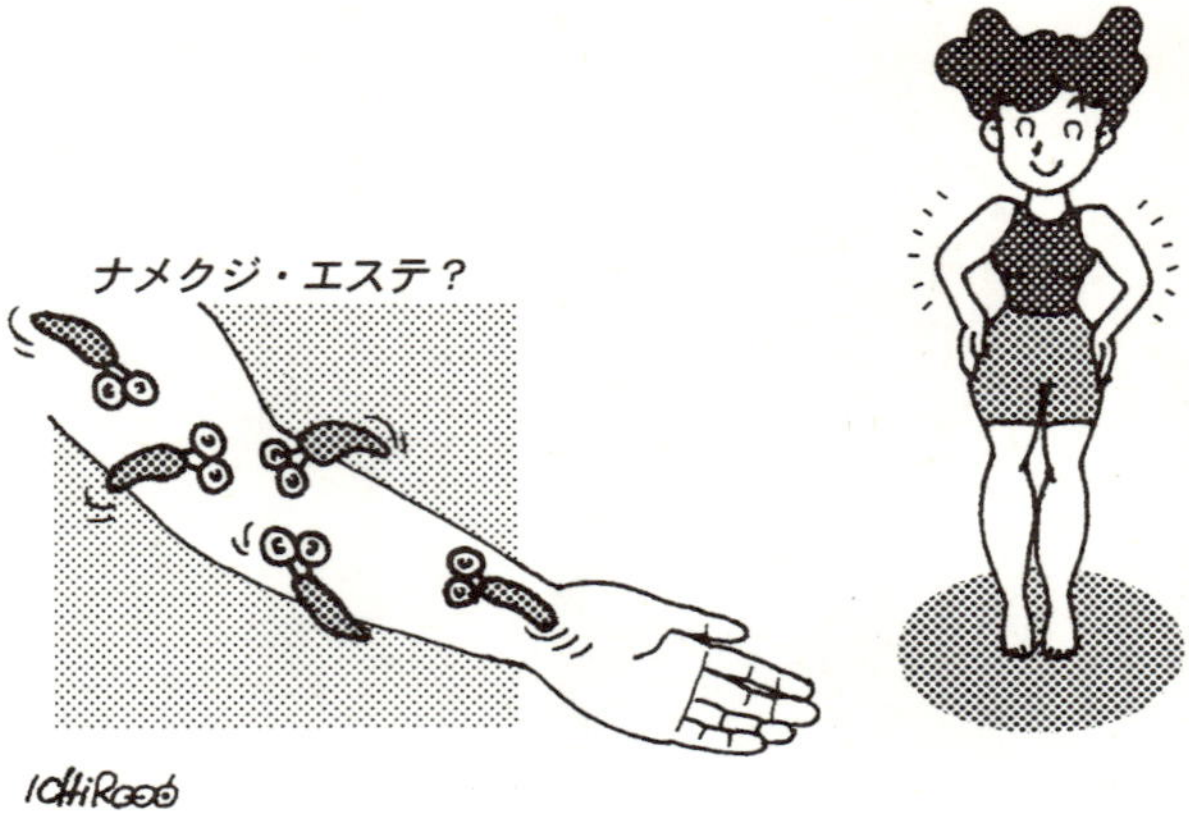


（家にいるナメクジは灰色だけど、こいつはキツネ色。なんだか、しょうゆをたらしてこんがり焼いてあるみたいだなあ。豆腐ステーキがあるくらいだから、なめくじステーキがあってもいいよなあ）

バカらしいことを考えているうちに、このナメクジ、何か食べ物を探しているような気がしてきた。頭を左右に振りながら進んでいるし、そのうち、真上から右へと進路を変えたからだ。

（こいつも、自分と同じで、腹が減っているのかなあ）

何の気なしに、ナメクジの進路上に自分の指を置いて、ジッと待ってみた。ナメクジは少しずつぼくの指に近付いて、ぶつかりそうになった。〝つの〟でぼくの指を調べ始めた。と、次の瞬間、ナメクジはぼくの指を食べ始めてしまった！……というのは冗談。でも、ナメクジがぼくの指をしゃぶり始めたのは事実。細かいやすりで軽くゴシゴシやられているような感じで、ちょっとくすぐったくて、いい気持ちだった。

別の木の根元で、違うナメクジを見つけた。このナメクジはキノコを削り取って食べていた。ぼくはまた座り込んで、このナメクジを観た。そのうち食べるのをやめて、ナメクジは移動し始めた。ぼくはさっきと同じようにナメクジの進路に指を置いて、ジッとしていた。ぼくの指に接近したナメクジは〝つの〟を出してぼくの指にさわると、進路を変えてぼくの指を避けるように進み始めた。(この反応が普通なんだろうなあ。さっきのナメクジはよっぽど腹をすかせていたに違いない)

自然観察に出掛けたら、歩きまわるばかりでなく、どこか気に入ったところ、何かを見つけたところに座り込み、ジッとあるいはボケーッとしてみません?

歩きまわることで見つかることもたくさんあるけど、ジッとしていて初めてわかることもいろいろあるもんです。ほら、小さな子がしゃがみこんで、アリンコだのダンゴムシだの飽きもしないでジーッとながめてる……そんな感じで。

## ■——慰安旅行の朝の散歩——静岡県

いつのころからか、自然がお目当てでない旅行でも双眼鏡とカメラとフィールドノートだけは持ち歩くようになった。

今回は職場の慰安旅行だから、いらないだろうという、そんな旅に限って、「しまった、カメラ持ってくればよかった！」と悔しい思いをしたことが度々あるからだ。荷物は重くなるけど、悔しい思いをするよりマシだ。

それに、どんな旅行でも、必ず双眼鏡やカメラを持ってブラブラする時間が取れるのである。なに、簡単なことだ。前の晩のアルコールが残っててちょっぴりきついけど、朝できるだけ早く起き出し、ホテルのまわりを散歩すればいい。起きるときは眠くて大変だけど、自分の知らない土地でどんなものが待っているかワクワクするし、早起きのせいで眠くなったら、バスの中で寝てりゃあいい。そう考えて、気軽に旅行の朝の散歩を楽しんでいる。

あまり気の乗らない観光旅行でも、こんなふうにプライベートな自然観察の時間を作ると、楽しくなる。

去年の慰安旅行もそうだった。静岡は浜名湖畔のホテルに泊まった。朝六時前、いつもの観光旅行通り、カメラ・双眼鏡・フィールドノートを持って、散歩に出掛けた。

ホテルの前でまず深呼吸。そして、耳に神経を集中させ、五分ほど音の情報を集める。コジュケイとヒヨドリの声が聞こえた。そして、ウグイスの声まで聞こえた。へー、ウグイスは夏になると標高の高い所に移動して子育てをすると思っていたのに、こんなところでも繁殖してるのかあ。

それから、おもむろに歩き始めた。水の中に何かいないか気を付けながら。

お、水の中にカニ発見。一番後ろの足の先がうちわのように平べったくなっている。このカニ、これで泳ぐんだよね。実際に泳いでいるところを見てみたいものだ。それにしても、はさみ使いの素晴らしさ！　二つのはさみを器用に使って、貝の中身を食べていた。

波打ち際には人工的に岩が敷き詰められていた。そこにフナムシがいっぱい。打ち上げられた海藻に集まっているのだが、近付くと、そそくさと岩の間に隠れてしまう。歩き方がゴキブリそっくり。しゃがみこんで、じっと待っていると、岩陰からちょっとだけ顔を出してあたりを見回し、やがて、ちょっとずつ出てくる。そのうち、前と同じように普通に振る舞うようになったので、カメラを向けたら、また逃げられた。今度は、カメラを構えたまま、彼らを待つことにした。写真を撮るのも一苦労だ。

途中、一人のおじさんが向こうから来たので、湖の方を指して、

「おはようございます。あの網で何が捕れるんですか?」

と声を掛けたのをきっかけに、いろんな話を聞いた。

・定置網で捕れるのはボラやコノシロ

・ウナギの子〝しろこ〟は太平洋で生まれ、黒潮に乗って、浜

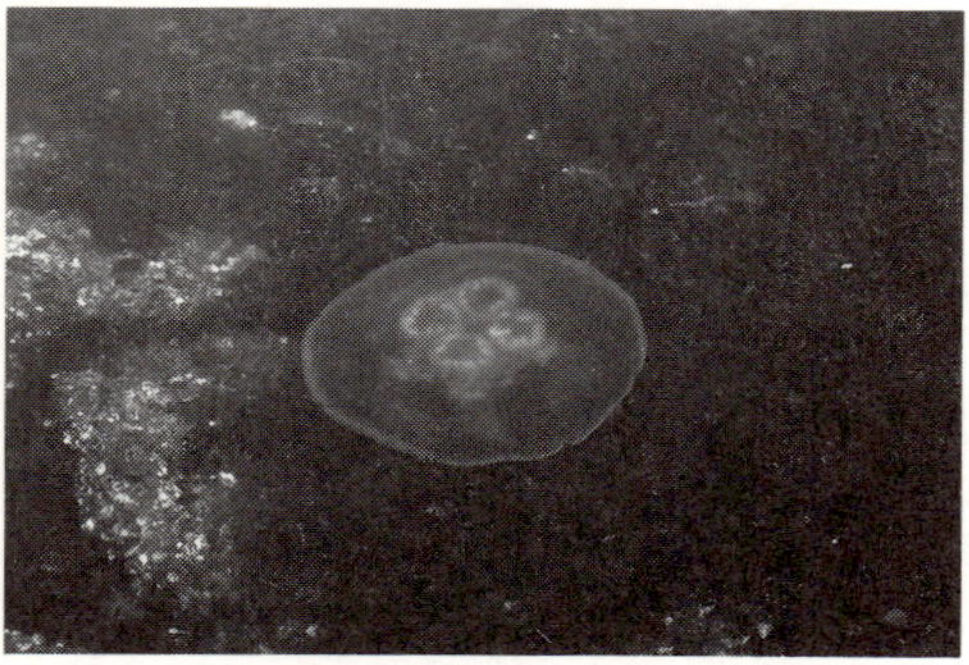

海中に，空飛ぶ円盤のように漂うクラゲの姿を発見！

名湖に入ってくる。昔はいっぱい捕れたが、今はほとんど捕れない。一匹三〇円くらいで買っている。
・今のウナギは促成栽培だ。
などなど。

おじさんにお礼を言って別れ、定置網にだんだん近付いた。

アオサギが定置網につかまり、長い首を伸ばしているなあと思ったら、水の中に首をつっこみ、魚を捕ってしまった。定置網で魚を捕まえるとは頭がいいなあと感心した。

よく見たら、この網にはカワセミまで止まっていた。そして、やはりぼくの見ている前でダイビングし、魚を捕まえ、首をヒクヒクさせながら飲み込んでいた。

「あれ、浜名湖は海とつながっているから、ここの水は相当塩辛いはずだけど」

となめてみたら、やっぱり塩辛かった。これではカワセミではなくウミセミだ!

大きな音で時報がなった。七時だ。太陽の光がひときわ強くなったように感じる。

さっきまであんなにたくさんいたフナムシが、七時になったと思ったら、全然見えなくなった。

そろそろ帰るとしよう。

そうそう。見つけたものを記録しているのは写真だけではない。フィールドノートにもできるだけ絵や文章でスケッチするようにしている。だから、今でもそれを読めば、そのときの情景がありありと思い出せる。旅から帰ってきてからも、もう一度、旅が楽しめるわけだ。

第9章

# 海外旅行で自然観察

海外旅行に行く機会が増えた。
せっかく日本とは違う自然の中に出掛けるのだ。自然観察を満喫しよう。
パック旅行だって、自然を観る機会はいっぱいある。
なーに、旅行内容よりも、こっちの気の持ちようが大切なんだ。

■――エコツアーという心掛け

『エコツアー』という言葉、ご存知だろうか。ちょっと長いけど、読売新聞の『編集手帳』にうまい説明があったので、引用する。（一九九二・五・二〇）

＊　＊　＊

……環境に与える影響を最小限に抑え、かつ自然に触れ自然を学ぶ旅といった意味で使う◆とりわけ開発途上国にとって、豊かな自然や野生動植物は貴重な観光資源だ。適切な管理下でのエコ・ツアーが盛んになれば、その国の経済を潤すこともできる◆ケニアの雄ライオンを例にこんな計算もある。その一頭は狩猟対象として八千五百ドルの外貨を稼ぐが、観光対象としてなら一生に五一万五千ドルの外貨をもたらす。現にケニアでは観光産業が最も外貨を稼いでいるそうだ◆自然保護と矛盾しない観光、もっと進めて自然保護のための観光があり得ないか。そう考えたＩＵＣＮ（国際自然保護連合）が昨年から取り組んでいるのがこのエコ・ツーリズムの研究だ。……

＊　＊　＊

つまり、発展途上国がその豊かな自然を損なうことなく上手に観光資源化すれば、その国の自然が破壊されることもなく、しかも、人々の生活も潤うだろう――ということだ。

野生生物や熱帯雨林等の環境問題の多くは、自然が豊かだけれど（自然が豊かだから――かな？）

経済的には貧しい発展途上国で起きている。その解決策の一つがエコツアーなのだ。先進国と言いながら、いまだに観光と言えば、リゾートだ、ゴルフ場だと言って、自然を切り売りしているどこかの国には耳の痛い話だと思う。

じつを言うと、ぼくは一九九三年末、(財)日本自然保護協会主催のエコツアー研修旅行に参加して来た。二週間のスリランカへの旅だった。

これはエコツアーの〝研修〟旅行だったので、自然保護NGOの代表や政府の野生生物保護局で担当者の話を聞いたりと、普通のツアーではまず体験できないこともした。また、大都市コロンボのすぐ近くのベランウェラ・アチヂヤ湿地を歩いたり、ヤーラ国立公園やブンダラ保護区でジープに乗ってサファリをしたりと、自然を満喫する旅ができた。ペリカンやコウノトリ、クジャクやゾウ、オオトカゲやワニ…。た〜くさんの動植物を見ることができた(詳しくは203ページからのレポートを読んでね)。

で、いろんな自然や動物を見てたんだから、ぼくは十分エコツアーってる気分でいたのだが、旅が進むにつれて、そうではないことがわかった。ぼくと一緒に旅をした人たちの話を聞くと、同じものを見ていながら、ぼくよりずっとおもしろいものを見つけたり、違う見方をしていたことを発見したのだ。そうなんだよね。問題は、「何を見たか」ではなくて、「自分がどんな態度で、それを受け止めようとしているか」なんだよね。

だから、エコツアーがいいからといって、自然の豊かな所にたくさんの（日本）人が訪れるというのは問題だと思う。なんてったって、日本流の旅行は、一箇所の見学時間はせいぜい一時間という駆け足旅行、日本じゅうどこへ行っても同じようなホテルで、夜はどんちゃん騒ぎ旅行、景色のいい所で「チーズ」する記念写真旅行だからね。

でも、こんな日本流のエゴツアーでも、ちょっとした心の持ちようでエコツアーに近付けられるんじゃないかとも思った。例えば、Aさんは朝、早起きして近所のお寺に散歩に行き、お茶をいただいてきた。Bさんは、朝、浜辺で漁師さんたちが地引き網を引くのを手伝ってきた。Cさんは朝の散歩でお坊さんに呼び止められ、話をしていたら、なんとその坊さんは日本の皇太子（現天皇）と話をされた坊さんだったそうな。……。

ちょっとだけ早起きして、まわりを自由に散歩するだけで、いろんな楽しい発見ができるもんだ。睡眠なら家に帰ってからゆっくり取ればいいし、移動の車や飛行機の中でもできる。いくら予定がぎっしりの旅でも、朝は自由時間だろう。その時間を見逃す手はない。一人で気の向くまま歩いてみよう。それがエコツアーの第一歩のような気がする。

【ハネムーンはオーストラリア】

ぼくらのハネムーンはオーストラリアだった。いわゆるパック旅行というやつで、決してエコツアーだの秘境ツアーではなかった。でも、できるだけ自由時間が多いツアーを選び、なおかつ重たかったけどカメラ機材と双眼鏡はいつでも持参して、楽しい「自然観察の旅」にすることができた。

■――憧れのグレートバリアリーフ

オーストラリア北部の街、ケアンズに着いたのは二月四日。日本は寒かったのに、ここでは激しいスコール（夕立）の歓迎を受けた。さすがにここは熱帯雨林帯。

翌朝、ぼくらはもうグレートバリアリーフ行きの高速艇の中にいた。

船の中は日本人ばかりでびっくり。船内アナウンスを聞いて、また、びっくり。英語での放送の後、必ず日本語で同じ内容の放送があるのだ。日本語のわかるスタッフも三人ほど乗り組んでいるという。

一時間ほどして船が着いたのは、桟橋のようなところ。と言っても、まわりには島なんかない。

サンゴというと南海の無人島というイメージがあるが、グレートバリアリーフは広い広い浅瀬で、島はあまりない。桟橋の上に椅子やテーブルや屋根が固定されていた。ここがレストランにもなるらしい。

ここで、まずは〝潜水艦もどき〟に乗った。この船に乗り込むと、船底に降りる階段があって、船底にシートが二つずつ並んでいた。左右には、丸い窓が並んでいる。客が乗り込み、ハッチを閉めたら、少しだけ、船が沈み、より深い所の様子が見えるようになっている。それで、〝潜水艦もどき〟なわけ。

スクリューが勢いよく回る音が聞こえてきた。海中は青くよどんでいて、何があるかはよく見えない。でも、窓に張りつくように泳いでいた小さな魚が、船の速度に合わせて一生懸命泳いでいる姿がとってもユーモラスだった。

一〇分くらいたっただろうか。急に海底がせりあがってきて、サンゴの様子がよく見えるようになった。

と、魚たちも現れ始めた。サンゴ礁の魚たちは色が鮮やかだし、その配色も大胆だ。全身きらめくようなブルーで、

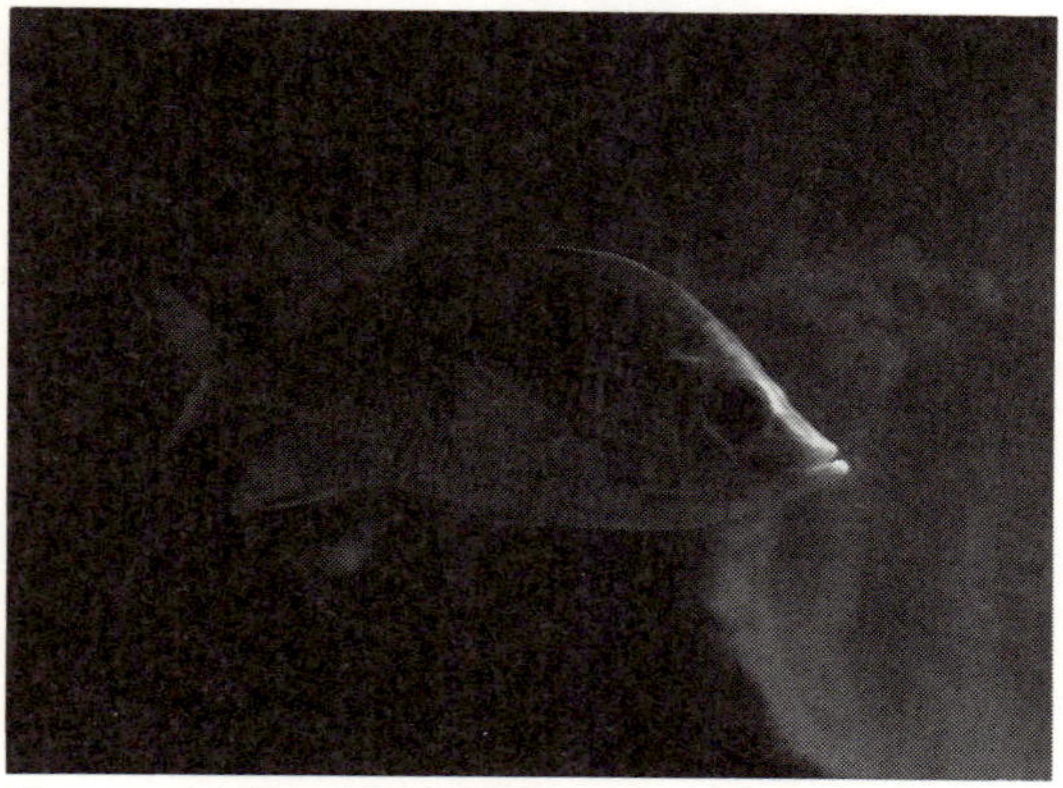

グレートバリアリーフ．世界最大のサンゴ礁で泳いでいた魚．

尾だけ鮮やかな黄色のタイ。白地にオレンジ色の横縞が入った魚。などなど。頭にジューッとアイロンを当てたような跡がある、コバンザメも見ることができた。

船から降り、少し休んだら、いよいよ海に潜ることにした。あこがれのグレートバリアリーフだ。心臓が高鳴る。

水は思ったほど温かくなかった。だけど、波がまったくなく、とってもおだやかだった。たくさんの魚が桟橋の影に集まっていたので、まずそこを目指して潜っていった。魚たちは逃げる気配がない。目の前でじっくり見ることができた。

バタ足で、海面を少し散歩した。すると、サンゴが海底からせりあがっている所があった。ここなら、楽にサンゴの表面を見ることができる。近付いてみて、びっくり！　サンゴって、すごいカラフルなんだ！

赤いの、青いの、黒いの、緑色の…という色彩の変化。テーブルみたいなの、枯れ木みたいなの、海綿みたいなの…と、その形もまた様々だった。

あこがれのグレートバリアリーフに潜り，とっても満足．日本からわざわざ“マイ水中マスク”を持っていった甲斐があった．

「まるで、初夏の雑木林みたい。青葉の色が微妙に違い、ところどころで木の花が咲いている、そんな感じだ」

ブダイという青くて大きな魚がいっぱいいいた。この魚、デコッパチでおちょぼ口。でも、歯が丈夫で、貝をバリバリ割って食べるという。

一匹のブダイのすぐ近くに、グッピーをスマートにしたような青と黒の縦縞の小さな魚が寄り添うように泳いでいた。おっ、ブダイが体を反って、エラを大きく開いたぞ。すると、小さな魚はブダイのエラの中に口を入れて、ツンツンしている。他の魚の体をそうじする魚がいるというのは、テレビなんかで見たことがあるが、これが、その本物か。

五メートルほどの水の底までも潜ってみた。細かい真っ白な砂。よく見るとこの砂、でこぼこしている。それもそのはず。この砂はまさしく、サンゴのかけらでできているからだ。

さっきから寒さを感じていたが、我慢して水の中にいた。出るのがもったいなかった。もっともっと海の中を見ていたい！

## ■――グリーン島のヤシの木

ぼくらは、旅の四日目にもう一度、グレートバリアリーフを訪れた。一日だけでは短すぎると感じたからだ。今回はリーフ内にあるサンゴの島、グリーン島だけで一日ゆっくり過ごそうと計画した。

ここは島全体が国立公園になっている。だからだろう。

・看板が緑色や茶色で、しかも小さく、まわりの景観を壊していない。

・照明は腰より低くて、足元だけ照らすようになっている。

・走っているのは電気自動車だけ！

・こんなに小さな島なのに、鳥がいっぱい！

など、いろんな配慮が見られた。

砂浜に陣取って、さっそく海に入った。シュノーケリングを満喫した後、島内を一人で歩いて探

低いし，光が上に漏れないようになっている．
考えてみれば足元さえ照らせばいいわけだから，
これはとっても機能的なデザインと言える．

検していたら、一人のおっちゃんが「みんな、来てみ!」と言っている(もちろん、英語で)。他の日本人観光客と一緒に見に行くと、波打ち際にエイが来て、何匹かが折り重なっている。

　エイのことを英語で何というか知りたかったので、

「この魚の名前、知ってますか?」

と尋ねてみたら「知らない」という。

「だけど」とおっちゃんは付け加えた。

「この魚は、たぶん危険だ。ほら、見てごらん。しっぽに針があるだろう。きっと、あそこは毒だ」

　ぼくは、教えてくれたお返しに、

「この魚、日本語では『EI』と言うんですよ」

と、教えてあげた。

　しばらく歩いていたら、また、そのおっちゃんに呼び掛けられた。行ってみると、落っこちているヤシの実を指さして
「あれ、食べたことあるか?」

と聞いた。ぼくはネパールでヤシの実の汁を飲んだことが

島内を走っていた電気自動車. 音も静かでよかった.

あるが、しらばっくれて、

「食べたことないよ」

と答えた。おっちゃんは、親切にも、

「あれを取ってきて、中の汁を飲むんだけど、おいしいんだぞ。ミルクみたいな味がしてね」

と教えてくれた。ぼくは、また、しらばっくれて、

「いくらするの？　どこで買えるの？」

と聞いた。そしたら、おっちゃんはそんなもんじゃあないという顔をして、

「中に入って、取って来いよ」

という。ここは国立公園。動植物を採取していいわけはない。

「ぼくはここが国立公園であることを知っているよ」

と答えた。おっちゃんは
「さっきの日本人なら取ってくるのに」

と答えた。

おっちゃんから離れて写真をとっていたら、またしてもおっちゃんに呼ばれ、行ってみたら、おっちゃんが入ってはいけないはずのフェンスの中に入って、盛んにヤシの実を探していた！

おっちゃんはヤシの実を振りながら、こっちにやってきた。差し出されたので、持って、振って

みると、チャポチャポ音がする。確かにココナッツミルクが入っている。おっちゃんはもう一度、フェンスの中に入っていって、自分の分のヤシの実を取ってきた。そして、「ついて来な」というジェスチャーをした。

（いいのかなあ。国立公園の中のものを取ったりして。もし、レンジャーに見つかったら、おこられるんじゃないかなあ）

ぼくは気が気でなかったが、それでもおっちゃんの後をついていった。おっちゃんは、なんとインフォメーションにまっすぐ歩いていった。

（おい、そんなとこに行くなんて、まずいよ。それじゃあ、おこられに行くようなもんじゃない。ヤバイよ）

ぼくの心配をよそに、おっちゃんは持ったヤシの実を隠そうともしないで、受付嬢と話を始めた。内容はよくわからなかったが、受付嬢が、Spike という単語を強調しているのはわかった。話が終わったと見えて、おっちゃんはニコニコしながら出てきた。

ヤシの実を「スパイク！」.
この写真もおっちゃんが撮ってくれた.

おっちゃんのあとをついていったら、するどい杭がコンクリートで固定されているものが広場の真ん中にあった。まわりには割られたヤシの実が散乱している。

　おっちゃんはジェスチャーつきで、

「ヤシの実をこういうふうにして、この杭に叩きつければ、中のココナッツミルクが飲めるようになるよ」

と教えてくれた。教えられた通りに叩きつけてみた。固くて、相当力を入れないと杭が突き刺さらない。それでも何回かスパイクするうちに、中のミルクがしたたり落ちてきた。

（おっともったいないない）

と、ヤシの実を杭から外して、さっそく飲んでみた。実が古かったので、ちょっとカビ臭かったが、確かにココナッツの味だった。

「そうか、ヤシの実って、拾って食べてもいいんだ。でも、国立公園の中で、なぜ、ヤシの実だけ取ってもいいの？」

　得した気分に浸りながらも、そんな疑問が頭から離れなかった。

## ■——木を植えるレンジャー

「ああ、うまかった」

上機嫌で歩いていたら、カーキ色のシャツを着た青年が一人、黙々と木の苗を植えていた。ぼくは話し掛けてみた。

「この島のレンジャーですか?」

青年は仕事を続けながら「そうだよ」。

「あなたが植えてる木と、あそこに生えている木は同じものですか?」

「同じのも違うのもあるよ。たくさんの種類を植えているよ」

「なぜ、ここに木を植えているの?」

「この島には強い風が吹いてくるし、波もあるので、エロージョン(土壌浸食)が起こってしまう。それを防ぐために、木を植えているのさ。ひどいときには一週間で四フィートもエロージョンが進んでしまうこともあるんだよ。植えている木は、この島にもともと生えている木だよ。そこに見えている柵はね、日本人ツーリストが中に

木を植えていたレンジャーと彼の仕事場(次ページの写真も).
彼は日本に来たことがあるとも言っていた.

入って、木の苗をだめにしないようにあるのさ」

青年の話を聞いて、ぼくは日本人の一人として耳が痛かった。確かに、海辺でアジサシにちょっかい出して、一緒に写真を取ろうとしてたのも、通行禁止と書いてある所を平気で歩いてたのも日本人だったもの。

「それにしても大変な仕事だねえ」

「いやいや、太陽が出ているときは大変だけどね。そうでないときは、そうでもないんだ。太陽が出るとね、強烈なので、砂ばかりの所は、すぐに乾いてしまい、せっかく植えた木の苗がだめになってしまう。だから、水もしっかりやらなくちゃならないんだ」

「ヤシの木も植えてるの?」

「植えないよ。ヤシは、島の自然にとって、よくないんだ」

「なぜ?」

「もちろん、少しだけならいいんだけど、たくさんあると、よくないんだ。島の反対側の海岸に行ってみた? あっちはヤシの木がたくさん生えているでしょう? あんなふうにヤシの木ばかりが生

えていると、下草が全然生えなくて、砂ばかりになってしまう。すると、エロージョンが起きやすくなるんだ。それに、ヤシの木は、もともと、この島のものではないしね。ほら、この歩道の両側にはヤシの幹が置いてあるでしょう？　こんなふうに多くなったヤシの木は切っているんだよ」

なるほど、これでヤシの実を取って飲んでもいい訳がわかった。ヤシの木は、この島の自然にとって迷惑な存在なんだ。だからか。ぼくは納得してしまった。

## ■――サンバードの巣はクモの糸

ケアンズからクランダという所にある熱帯雨林へ行くオプショナル・ツアーに参加した。途中、『レインフォレスト・リゾート』というリゾート施設のレストランで昼食をとった。

レストランの建物はインドネシア風で、三方が吹き抜けになっていた。

リゾートのスタッフがカブトムシを見つけたと言って

エロージョン（土壌侵食）が起きている砂浜.
砂がはぎ取られ，木の根がむき出しになっている.

持ってきてくれた。カミキリムシのようにキーキーよく鳴いている。真っ黒だ。日本のカブトムシよりちょっと小型で、二つの角の大きさが日本のとは逆で、頭の角が小さく、胸の上部の角が大きかった。手に持った質感は日本のと同じだった。

食事の最中、ちょうどキセキレイの色を濃くして小さくした感じの鳥がレストランの中に入ってきては、盛んにいい声で鳴いていた。一瞬、ハチドリ？　と思ってしまった。

お勘定のとき

「ここにハチドリは住んでいませんか？」

と尋ねた。そしたら、その人が

「私は詳しくないので、鳥のことを勉強しているスタッフを紹介しましょう」

とぼくらを連れ出してくれた。

そのスタッフというのは、さっきカブトムシを持ってきてくれた人だった。

「このへんにハチドリはいますか？」

「残念ながら、ここは中南米ではないので、ハチドリはいないよ」

（そういえばそうだよな）

「だけど、ちいさなかわいい鳥ならいる。サンバード（太陽鳥）といって、おなかの黄色い鳥だ。よくレストランの中に入ってくるよ」

「それだったら、さっき、食事中に見ました。いい声で鳴いていましたよ」

「そいつの巣がこれだよ」

と、こぶしよりすこし小さめで、木の枝からぶら下がっている巣を見せてくれた。子ども用のサッカーボールがネットに入って勉強机の横にちょこんとつるしてある、そんな感じだ。日本ではちょっと見られない巣の形だったので
「へえー」

と大きな声で感心してしまった。

さっき、サンバードが虫らしきものをくわえていたのを見たので
「サンバードはどんなものを食べているのですか？　虫ですか？」

「う〜ん。虫も食べるけどね。よく食べるのはクモさ。この巣もクモの糸でできているんだよ。飛びながら、クモを網ごと取ってしまい、クモは食べて、網は巣にしちゃうというわけだ」

サンバードの巣．草の葉や茎とクモの糸でできている．日本でもエナガという鳥がこんな巣を作るのを知ったのは後のこと．

このおじさん、すぐ近くの木に掛かっている他の鳥の巣も見せてくれた。そして、

「あんた、ここに泊まっていくのかね?」

と聞いてくれた。もし、「泊まっていく」と答えたら、バードウォッチングにでも連れていってくれたかなあ。すごく残念な気がした。

一緒に写真を撮ってもらい、名残惜しいが、このおじさんに別れを告げた。

民営のリゾートなのだが，そこにこんなインタープリテーション（自然解説）専門のスタッフがいることがうらやましかった．横にいるのがぼくの奥さんです．

**【スリランカにエコツアー】**

長男が生まれて一カ月後という大変な時期に、スリランカへ旅立ってしまった。我ながら、どうしようもない亭主ワンパクだ。これは（財）日本自然保護協会が主催したエコツアー。このチャンスを逃したら、一生行けないよ——とぼくの尻をたたいてくれたのは、妻だった。

## ■——はじめてのサファリ

まだ暗いうちにホテルを出たおんぼろジープが、ヤーラ国立公園に着いたのは、もう日がだいぶ高くなってからだった。

ホテルで作ってもらったランチボックスの朝食を食べて、いよいよ国立公園のゲートをくぐる。そのとき、一人のレンジャーが乗り込んできた。チョコレート色の制服が黒い肌によく似合う。あいさつしたら、ひとなつこい笑顔で答えてくれた。

さて、今日の最大の目的はスリランカゾウ（インドゾウの亜種）にお目にかかることだが、やっぱり急いで行くのはもったいない。いろんな動物がいるからだ。

草原ではクジャクが盛んに羽を広げていた。動物園で見るクジャクより格段にきれいだ。クジャ

草原のクジャク．お尻を向けるとは失礼だけど，でも，後ろ姿もきれいでしょ?!

ク自身も野生の美しさを持っているし、やっぱりクジャクはクジャクのいる環境で見るのが一番いいなと思った。草原にクジャクの羽がよく似合う。羽を広げて、しかもワサワサと揺らしている。自慢のドレスをいろんな角度から見せたくて、ゆっくり旋回している。ファッションショーみたいだ。クジャクが羽を広げているのを後ろから見るのも、またオツなもの。そんな雄クジャクの近くを探すと、かならず雌のクジャクも見つかった。

沼地の木陰では大きな鹿・サンバーの夫婦がのんびり休んでいた。

あれっ、ジープの上を何か飛んでいったみたいだぞ（ジープには幌がかけてあるので、上は見えない）。そいつが飛んでいったと思われる方を見たら、木の枝に猛禽が止まっているではないか！しかも、目と鼻の先。なんか変だ。ひもみたいなのが足に巻き付いている。何だろう？　あ、ひもがちょっと動いた。ひもじゃない、ヘビだ！　ヘビ狩りをしたばかりのハチクマだ！

とまあ、こんな感じで、ゾウに出会う前にも、いろんな動物との心踊る出会いがあった。これでも、出会ったやつの十分の一も紹介してないんだよ。

■――わー、ゾウだあ！

向こうにジャングルが見える草原でジープが止まった。ドライバーが、あっちにゾウがいるという。ワクワクしてきた。ところが、ドライバーが指さした方を見ても、どこにゾウがいるかわからない。茂みがあるだけに見える。

あ、いたいた。茂みから背中だけ出していたのだ。真っ黒くて、大きな背中。そのうち、ゾウたちが茂みから出てきた。子ども一頭を含む四頭の群れだ。少しの間、こちらの方をうかがっていた。と、そのうち二頭がゆっくりゆっくりジープに近付いてくるではないか。もうカメラのシャッターなんて押しっぱなしだ。ぼくは望遠レンズは持っていかなかったのだが、それでもファインダーをのぞくと、ゾウの体が画面に入りきれなくなるまで、ゾウたちは近付いてきてくれた。もっとも、さすがに子どもとその母親ゾウは、遠くからこの様子をながめているだけだったが。

ゾウが近付いてきて、見る角度が変わると、一頭のおなかの膨らみ具合が気になった。横に張り出ているのだ。あれっ。もしかして、妊娠しているゾウ？　そうに違いない。ゾウはメスだけで群れを作るそうだ。だとすると、今、ぼくたちが見ている群れは、子どもと母親と妊娠しているメスと、妊娠してないメスという構成になっていることになる。いろんな成長段階のゾウをいっぺんに見られたわけだ。

ジープから二〜三メートルの距離まで近付いてきた。彼らの鼻息がはっきり聞こえる。鼻を上手に使いながら、どんな草を取って食べているかも見える。大きな体なのに目が小さい。ショボショボしてて、まつげが長くて、すごくかわいい。ぼくはもう天国に昇った気分だった。

彼らはエンジンを止めたジープの前をゆっくり横切り、茂みの向こうに消えていった。他のジープはすでにここを離れてしまっていた。だから、ゾウたちの行動を最後までゆっくり見ることができたのは、このジープに乗っていたぼくたちだけ。幸運だった……なんのことはない。ジープがエ

50㎜のレンズでも画面からこんなにはみ出しちゃうほど，ゾウが近付いてきてくれた．

ンストを起こしてしまい、助けを待つほかなかったのだ。

## ■――ゾウの避難小屋

スリランカの人々の日常生活が知りたくて、農家を訪問することにした。一番始めに訪問したのは、ティッサの町はずれにある、「ほったて小屋」という形容がぴったりの、小さな農家だった。

壁には土が塗ってあり、屋根はトタンふき（この辺の農家では珍しい。普通はヤシの葉でふいている）。自分で作ったそうだ。家の中はすべて土間で、三畳くらいの部屋が二つ。それで終わりだ。家具と言えるようなものは、いすが二つと小さなテーブルが一つだけ。壁の上の方に、自分たちや息子たちの結婚式の色あせた写真が誇らしげに飾ってあった。

トイレはない。台所は家の裏にあり、キャンプ場の炊事場みたいな感じ。軒下が広くなっているだけだ。上になべを置くようなかまどはなく、土間で直接火を焚き、そのすぐ横になべを置いて調理する。水は天水を利用している。トタン屋根に降った雨が樋を通って水槽に入る仕組みになっていた。村には水道もあるが、家からは遠いという。

小さな家だが、庭はかなり広く、いろんな木が植えてあった。一番大きな木はスーリア。玄関前に気持ちいい日陰を作ってくれている。表にはサボテンによく似た大きな草が、何本か花をつけていた。よく見たらそれはアロエだった。鉢植えの日本のアロエと比べると、ゾウとノミくらいの差がある。パンノキやツリーアップルなど、実がおいしい木も何本かあった。まだ若かったけど、家に遊びに来ていた孫娘がツリーアップルの実を取って、ごちそうしてくれた。

さて、ここのご主人サミーさんにインタビューしてびっくりしたのは、野生ゾウによる被害だ。

「ゾウは村に出てきて、野菜なんかを食ってしまう。それだけじゃない。家がつぶされたことだってある。この前、ゾウが出てきたとき、うちは大丈夫だったが、この近所の家がつぶされ、四人が死んだ」

死人が出るのだからすごい。でも、もっとすごいと思ったのは、それだけ被害が出ても、人々がゾウを殺そうと思わないことだ。

「確かに困っているよ。でも、ゾウを殺そうとは思わない。捕まえて、どこか山にでも連れていってくれるといいんだけど」

屋根に降った天水を集めて水槽にためる仕組み

サミーさんはそう語ってくれた。

翌日、ティッサの町はずれでドライバーがジープを止めた。ドライバーが出てきて、遠くを指さし、教えてくれた。

「あれがエレファント・シェルターだよ」

「ん？　エレファント・シェルター？『ゾウの避難場所』？」

ドライバーが指さした方には、大きな木がポツリポツリと、まるで一里塚のように立っていて、その木の上に粗末な小屋が見える。木の上の小屋。う〜ん。こういうの、子どものころ、あこがれたよなあーなんて思いながら、ドライバーの説明を聞いた。ドライバーは傍らの田んぼを指さし、

「もう少したつと、この稲も大きくなるでしょ？　そうしたら、ジャングルからゾウが出てきて、稲を食ってしまうんだ。稲が食われちゃかなわんから、百姓は毎晩ゾウが出てこないか見張りをする。あれは、その見張り台なのさ」

そうか。あれは日本でいえばぼくら消防団員が夜警をするときに使う夜警小屋みたいなものか。妙なところで親近感を持ってしまった。

「で、ゾウが出てきたら、どうするの？」

「家からなべとか金物を持ってきて、それを鳴らして追っ払うのさ。ゾウがびっくりして帰ってくれればそれでよし。でも、ときには、怒って追っかけてくることもある。そんなときには、村人みん

なで、あの小屋に避難するのさ」

そうか、あれはゾウではなく、人間の避難小屋だったわけか。それにしても、こんなにまでして、ゾウを殺さないとは……。

里に出てくるとすぐに撃たれてしまう日本のクマ。捕まえられてしまうサル。スリランカに生まれれば幸せだったかもね。

## ■――ゾウの回廊作戦

コロンボ郊外にあるデヒワラ動物園。その講義室で野生生物、とりわけ野生ゾウの保護に関する、いろいろな話を聞いた。

まず、副園長のアマンダ・ハットトツナさんの話。

「ゾウは体が大きく、たくさんの餌を食べなければならないので、一日の移動距離が長い(スリランカ野生生物自然保護協会のフェルディナンドさんによると、一日に必要な草は一〇〇キログラム。一日の移動距離は二〇マイル)。ところが、ここ四〇年間に、特に人口増加によって多くの森林が伐採された。となると、ただでさえ移動距離が長いゾウは、より長く移動しないと充分な餌にありつけない。このハードな移動についていけないのは、体の弱ったゾウと子ゾウだ。真っ先に子ゾウが置き去りにされてしまうので、ゾウ絶滅のスピードはますます早まってしまう。

置き去りの子ゾウがいるという連絡を受けると、現場に急行し、治療したり、栄養の補給をしてやる。この動物園でも応急処置はやっているが、その後は、ピンナワラにある「ゾウの孤児院」で育てられる。

ここで育てられたゾウを野生に戻すわけにはいかない。ゾウは社会的な動物だからだ（ゾウ社会の中で育ったゾウでなければ、体はゾウでも心がゾウではなくなってしまうということ）。幸い、ペラヘラ祭（ゾウのパレードが行われる）に出演すると、各地の寺から引き取りたいという申し出があり、そこに引き取ってもらっている」

次に、スリランカ野生動物保護局のアッタナヤケさんの話。

「ゾウの妊娠期間は二二～二三カ月。次の子が生まれるまでに四年かかる。諸説はあるが、ゾウの現頭数は三〇〇〇。単純計算すると、その半数の一五〇〇頭がメス。そのうち三〇％が『子どもを生める年齢のゾウ』として四五〇頭。

デヒワラ動物園のゾウ舎．足には太い鎖がつながれていた．

その三分の二の三〇〇頭が妊娠したとして、四年に一回の妊娠なので、年間七五頭のゾウが生まれている計算になる。ところが、毎年一〇〇頭のゾウの死体を確認している。自然に死んだものもいるだろうが、象牙を密輸するために密猟されたものもある。一年間に七五頭生まれて一〇〇頭死んでいるのだから、ゾウは減るばかりである。

私たちは、壮大な計画を実行しつつある。それは、『エレファント・コリドー（ゾウの回廊）計画』だ。現在ある国立公園のジャングル同士を人工のジャングルの廊下＝回廊で結ぼうというものだ。これは幅九〇キロメートルの帯状の人工ジャングルで、そこからゾウが出ないように（まわりの田畑を荒らさないように）、境には電気フェンスを設けている。ゾウは怪力だから壊すのは簡単だが、一度フェンスに触れて嫌な思いをしたら、もう二度とフェンスには近付かない。この計画は始まったばかりで、実際にゾウが回廊を歩いてくれるか、どれくらいの広さがあればいいのかなど、研究しなければならないことは非常に多い」

スリランカでは、国をあげてゾウの保護に取り組んでいるんだなあ。

さて、帰国の前日、ぼくは一人でまたデヒワラ動物園を尋ねた。そこで意外な経験をした。「立ち入り禁止」と書かれた門の奥で、男が来い来いと言っている。中に入ると、なんと、そこは赤ちゃんゾウの檻《おり》だった。額をコンクリートの壁に付けて、いかにもさびしそうだ。さわってもいいというので、頭をなでてやったら、体をぐいぐいぼくにすり寄せてきた。鼻をぼくの腕にからませて甘えた。赤ちゃんゾウの頭には固い産毛がちょんちょんと生えていた。感激だった！

帰り、男たちが寄ってきて手を出した。タクシーの運ちゃん曰く、「リトル・プレゼント」。男たちの小遣い稼ぎだったのか。

第１０章

# 自然観察指導員，森に帰る

この本の中で、繰り返し主張してきたことは、ぼくらのごく身近にも、たくさんの「自然」が息づいているということ。だから、一方ではそんな身近な自然を大切にしていきたい。でも、もう一方では、原生自然やそれに近い自然ももちろん大切にしていきたい。なんといっても、ぼくら人類の遠いふるさとなのだから。

■——乙女高原は、わが心のふるさと

（フィッフィッ…という声が聞こえてきた）
（来た来た。あの枝に止まった！　こっちを見てる。警戒しているのかなあ）
（大丈夫みたい。だんだん巣穴に近付いてきた。今度は、何を持ってきたのかなあ）・
（おっ、なんと枝を下向きに歩いていった）
（入った入った。チーチー声が聞こえる！）

ぼくのホームグラウンドは、わが町・山梨県牧丘町の乙女高原。家から車で三〇分ほどで行ける。標高は約一七〇〇メートル。真夏でも涼しくさわやかで、六月のレンゲツツジや盛夏の花々が有名だ。ここを訪れる人の多くは、お花畑のようなこの草原の中だけを歩いて帰ってしまうが、じつは、草原の裏山にある森もとっても気持ちよくて、楽しい。

年に十数回、乙女高原に通っているが、草原での自然観察や調査を終えると、必ず裏山に向かう。ダケカンバ林を抜けると、ミズナラ・ブナ林になる。足元にマイヅルソウのかわいいハート形の葉、右手にきのこがたくさん付いてる大きな枯れ木が見えると、お目当ての〝ブナのじいさん〟まで、もう少しだ。

〝ブナのじいさん〟は、太くてどっしりした、ここ乙女高原のぬしと思えるような立派な木。見上げると、なぜか深呼吸してしまい、そうすると、身体じゅうに何かが染み込んでくるような気がする。ぼくには二人の息子がいるけど、生まれたときは二回ともこのじいさんに報告に行った。子どもが少し大きくなったら、じいさんに息子を見てもらいたくて、連れても行った。

いつごろからかはよく覚えていないのだけど、ここでしばらくの間ボケーッと座っているのが、乙女高原に行ったときのぼくの習慣になった。夏は涼しくて、そのまま昼寝になったこともある。春先や秋なんて結構寒いのだが、それでも三〇分は座っている。

「通り過ぎる」だけでは気付かないことも「ジッと座っている」と見えてくることがある。ゴジュウカラというかわいい小鳥（この節の初めに登場した、枝を下向きに歩く鳥）がブナの枝のうろを巣穴にし、そこで子育てしているのを知ったのも、ボケーッと座っていたからだった。

もちろん、ゴジュウカラの姿が見えたら、もうボケッとなんかしていられない。五感を総動員し

ゴジュウカラ．カシャッというシャッター音に反射的に飛びのいてしまった．
かわいそうなので，撮った写真はこの１枚だけ．

てゴジュウカラが何をしているのか、これから何をしようとしているのか、観て察する。でも、こっちの気配を悟られたらだめだ。あくまで「おまえのことなんか、気にしてないよ～」という態度で、横目でチラチラ観察する。たまに双眼鏡を取り出そうとすると、それだけでゴジュウカラはパッと後ずさりしてしまう。

それくらいこちらの一挙手一投足を気にしている。子育て真っ最中という相手の立場に立って考えてみれば、神経質になって当たり前だ。だから、できるだけ相手を安心させるよう、動かないでジッと見る。フィールドノートにメモするときも姿勢はそのまま。手元なんて見ないで書くようにしている。

そんなぼくの目の前で、ゴジュウカラは何度もエサを巣穴に運んできた。

ぼくはこの本の中で、街中でも、家や学校のまわりでも、生き物たちの目を見張るような営みがあることをずっと書いてきた。だけど、ぼくにとって、心がこんなに落ち着き、野生との出会いにワクワクするのは、やっぱり乙女高原だ。

## ■——人と乙女高原のいい関係

乙女高原。標高一七〇〇メートルの森林の中にぽかっと空いた草原。

初夏のレンゲツツジも有名だけど、夏のお花畑もまた見もの。ヤナギラン、キンバイソウ、ノアザミ、オオバギボウシ、マツムシソウ、……。たくさんのお花が、入れ替わり立ち替わり咲くので、一週間もすると高原の色が違って見えるほどだ。

「自然っていいなあ!」

乙女高原に来る、ほとんどの人はそう思うようだ。だけど、これが本当に自然の姿かというと、そうではない。

乙女高原は亜高山帯の森林の中にある。だから、自然の成り行きにまかせていたら、何年もたたないうちに、ここは森になってしまうだろう。だが、毎年、初冬に草刈りをしているために、草原が森林へと移り変わることが食い止められている。木の苗まで刈ってしまうからだ。それに、草刈りしているのが初冬なので、実際に刈っているのは枯れ

草刈りをしないようになったエリア．若木たちが大きくなり，やがて草原が森に飲み込まれてしまうだろう．

草。だから、草たちへのダメージはとても小さい。それで、夏になると毎年、ここはお花畑のようになるわけだ。

自然保護の一つの原点は「もともとの自然に人間の手を加えない」こと。でも、もう一つの基本は「自然に人間が上手に関わって、うまくバランスをとりながら共生する」ということだ。

自然に人間が手を加えることによって、もともとの自然よりずっと複雑で多様な環境を持続させているのだから、乙女高原は「自然にどのように人の手を加えればいいか」の日本じゅうに誇れるお手本ではないかと思う。

### ■——乙女高原には歩いて行こう

道が舗装になったり、広くなったりしたため、乙女高原まで車で簡単に行けるようになってしまった。

でも、ぼくは乙女高原へ向かう道での最後の集落、塩平からちょっと入った所に車を置き、林道から自然観察路を歩いて乙女高原に向かうことが多い。それは、健康のためでも、体力をつけるためでもない。ましてや意地になって歩いているわけでもない。

歩かなければもったいない——ただそれだけ。車で行けば確かに楽だし、短時間で行ける。時間がないときには、ぼくも車で乗り付けている。

でも、できる限り歩いているし、歩いて行きたいと思っている。なぜなら、車を移動手段として使うと、途中で何かに気付いて立ち止まり、それをじっくり見ることができないからだ。車を運転しているときは、なんかソワソワしてしまう。

「ああ。歩いていれば、きっとなんか見つけていると思うんだけど、車で来たもんだから、もしかしたら大発見を逃しているかもしれない」

そう思うと、気が気でない。

同じ道なのに、歩くたびに新たな発見があるのもうれしい。

「あれ？　あのつるは！」

案の定、それはサルナシというキウイフルーツに似た味のする実のなる木。駆け寄ってまわりを見回すと、あっちにもこっちにもサルナシのつる。

「よ〜し、秋に来て実を取り、ジャムを作るぞ！」

サルナシの実．甘くて，フルーティーでおいしい．

道が沢を渡っていた。休憩を取って流れの中に手を入れたら、すっごく冷たい。その冷たさを楽しんでいたら、何かが落ち葉の下にいる。そっと落ち葉をどかしてみたら、サンショウウオが出てきた。へー、こんな所にいるんだね。

もうすぐ乙女高原という所でひょいと下を見ると、赤い実。しゃがんでよく見るとオランダイチゴにそっくり。これはシロバナノヘビイチゴ。食べるとあま～い、いちごミルクの味がする。

途中で何かを見つけては立ち止まるのだから、時間はかかるけど、疲れることがない。森の中をずっと歩いてきて、乙女高原に着き、パッと視界が広がり、たくさんのお花たちに出迎えられると、気分は最高だ。

## ■――乙女高原のベストシーズン

「乙女高原に行ってみたいのですが、どの時期がいいですか？」

この手の質問に、いつも悩まされてしまう。有名なレンゲツツジの花を見たいのなら初夏。だけど、夏のお花畑もなかなかのものだ。でも、乙女高原の魅力はツツジと夏のお花たちだけではない。

里が春一色というころ、乙女高原を訪ねてみると、そこはまだまだ冬。一面、枯れ草ばかりに見える。だけど、よく探してみると、小さなスミレの花（といっても、スミレにしては、やけに大きな花を付けるサクラスミレというスミレ）や、カラマツの芽吹きの美しさにびっくりさせられる。

冬の乙女高原だって捨てたもんじゃあない。夏に競いあうように咲いていた花たちの成れの果ての姿を見るのもまた、オツなもの。みんな天然ドライフラワーになっている。枯れ草色の中に、真っ白いヤマハハコのドライフラワーがあったり、黄色いままドライになってしまったオミナエシがあったり。モノ・トーンの景色の中、ほかにどんな色があるか、思わず探しちゃったりする。

日陰に残った雪にはノウサギの足跡がついている。足跡が一カ所にまとまってついているのを見ると、

「ここでいったいウサギは何をしたのか」

「なにがウサギをそうさせたか」

と想像力が働き出す。

「ここで餌でも食べたのかな」

と、あたりの草にウサギの歯形がついてないかを調べてみたり、

大きな花を付けるサクラスミレ．
乙女高原に春が来たことを知らせてくれる．

「他の動物と一悶着あったのかな」

と考えてみたり。気分は名探偵だ。

このように、どんな季節でも、乙女高原に行けば何かが待っている。だから、ぼくにとって、乙女高原のベストシーズンはオールシーズンなのだ。

ついでに、昼間ばかりでなく、夜も魅力的だ。動物たちの気配を確かに感じることができる。以前勤めていた学校では、乙女高原で二泊三日の自然教室をやっていたのだが、その最中、フクロウの声が聞こえてきたこともあった。キツネなんて、毎晩のようにロッジ裏のごみ捨場に来ていた。

星はほんとに空いっぱいに散りばめたようだし、人工的な明かりはロッジから離れるとまったくなくなるのもいい。

乙女高原では本当の夜が観察できるというわけだ。

■——乙女高原ファミリーキャンプ

七月二五〜二六日、乙女高原にある町営グリーンロッジを使って、ノラやまなし（自然観察指導員山梨県連絡会）初めての『ファミリーキャンプ』を行った。

参加者は全部で二〇人。ファミリーあり、ご夫婦あり、個人参加あり。年代も多岐にわたっていて多様性があり、楽しかった。

一日目。始めの会をすることもなく、すぐに飯ごう炊さんを開始。小さな子どもたちにとって、調理にガス以外の火を使うなんて初めてだったのではなかろうか。とにかく自分も何かやってみたくて、いらぬ所でうちわをあおり、灰をカレーの中に入れてしまうなど不評を買う場面もあったが、割った薪を運ぶ、サラダの野菜を切って盛りつけるなど、とにかくよく働いていた。

ロッジ下の森の中では、村川睦夫さんが木から木にロープを張り渡して、簡易なアスレチックを作ってくれた。子どもたち、飯ごう炊さんを放り出して遊びに行ってしまった。

「そんなやり方じゃ、危ない！」とかおこられながらも、ロープ遊びに夢中だった。

お米の水加減・火加減は最高だった。おこげがほとんどなく、かといって、〝芯米〟でもなかった。これは今回、一番遠くから参加した内田健ファミリーの活躍による。

食事とその片付けが終わったら、今回最大の目玉である吉田広美さんのソロ・コンサートだ。吉

グリーンロッジでは自炊しなければならない．協力して野菜を切り，薪を使って火を起こす．
（鈴木としえさん撮影）

田さんは桃源文化ホールのパイプオルガン奏者。用意したキーボードでは失礼ってもんだ。テーマは「久石譲の宮崎駿アニメ特集」。最新の『もののけ姫』から『風の谷のナウシカ』まで。なんと歌詞を大きな紙に書いたものまで用意してくださった。歌える歌はみんなで歌った。

一時間ほどのコンサートが終わったら、星が見えることを期待しながら外へ出た。今夜はすでに月が沈んでいるので、星を見るにはベスト・コンディション。雲が出ていたが、ほんの五分ほど、真上の空が晴れ、夏の大三角形や天の川を見ることができた。星が多すぎて、どれが目当ての星かわからないくらいだった。

よい子のお休みタイムになった。大人はというと、村川さんが野外にセットしてくださった宴会場（テント）に移動。乙女高原の夏の夜を全身に感じながら、アルコールを胃袋に流し込んだ。いい気分で話が弾んだころ、なんと夜の夕立。「まあ、これも天気のうち」と、気に掛けることもなく飲んでいたのだが、そのうち、テントの内側にポタポタ落ちてくるようになったので、「ま、仕方ないか」と終宴。床に入った。

翌朝。朝食を作るのと同時進行でご飯を炊き、食後に昼食用のおにぎりを作った。昨晩の雨を引きずって、天気はなんとなくすぐれない。それでも、お昼前には草原をゆっくり散歩し、そのままブナの森まで歩いて行った。ブナの森では、おとぎの国の妖精が頭にかぶっていそうなソバナの青い花やら、見ているとため息が出そうなほど美しいレンゲショウマの花が待っていた。ブナのじいさんの前で一休みし、ロッジに帰って昼食。

今回、一人当たりの経費は大人一二六〇円、子供七三〇円。一泊三食でこの値段なのだからまったく安上がりだが、新鮮でおいしいものを腹一杯食べられた。多くの方が米やらジャガイモやらトマトやらぶどうやら梅干しやら…を差し入れてくれたからだ。最後に余ったものを〝形見分け〟したのだが、持ってきたものより、持ち帰る分の方が多いくらいの人もいた。

さて、今回のキャンプの、ぼくなりのテーマは、第一に「子どもが群れで遊ぶこと」だ。テレビやおもちゃなど、いろんなものに囲まれている日常の生活から離れて、何もない所でシンプルに、生身の子どもたちだけで（おもちゃなどを仲介しないで）遊ぶこと。だから、ぼくの家族だけでキャンプしても、このテーマは達成できない。キャンプに行ってまでもゲームボーイで遊んでる子を数多く見ているぼくとしては、ノラやまなしのいい仲間に恵まれたなあと改めて思う。

なお、このテーマには、「子どもたちが遊んでいる間、久しぶりに一人でゆったり草原を歩くことができたわ」なんていう効果もあったようだ。

もう一つのテーマは「生活の原点を見据えること」。今の生活は便利で快適だ。お湯なんて、ポットに水を入れ、スイッチを入れるだけでできる。だけど、本当はお湯を沸かすためにも、けっこう苦労して火を起こさなければならないし、時間もかかるということを、子どもたちにどっかで知っててほしいなあと常々思っていた。キャンプって、そんな機会を提供してくれる、またとない機会だと思う。タープの下にキャンピング・テーブルを出して、ナイフとフォークを並べて、ツーバーナーで…というのもいいけど、なんか勘違いしてない?――って思うんだよねえ。

多くの、それこそ年齢も仕事も多様な人たちに囲まれて、子どもたち、ホントにいい経験ができたなあと思う。みなさん、またキャンプやろうね!

## ■――乙女高原のためにぼくができること

乙女高原とは、こんなふうにいろいろなつきあいをさせてもらっている。とにかく、ここに来ると心がほっとする。ほっとするだけでなく、なんか元気になる。仕事で滅入ったときなんて、てきめんだ。

乙女高原には、いつまでも元気でいてもらいたいと心から思う。

だが、不安がないわけではない。その一つが帰化植物の侵入だ。ここ数年、高原内にヨモギやヒメジョオン、牧草であるチモシーやオーチャードグラスなどが増え、もともとある植物たちを圧迫している。その中で最も急激に増えているのがアレチマツヨイグサだ。

これらが増えた原因はいろいろあり、それらが複合的に作用しているのだろうが、最大の原因は、ここを訪れるハイカーの行動にあると、ぼくは考えている。

せっかく道があるのに道をはみ出して花を見る、写真を撮る。草花を摘んでしまう。ひどい人になると、草原内にレジャーシートを敷いて、そこでお弁当を開けてしまう。

ここの植生は「亜高山性高茎草原」。茎が高いがゆえに、人の踏みつけ等にはめっぽう弱いのだ。それなのに、最悪の場合、レジャーシートまで敷かれてしまうのだから、たまらない。弱っている所を帰化植物たちに乗っ取られている――というのが乙女高原の現状と言えるだろう。

乙女高原にいつまでも元気でいてもらうためには、ここを訪れるハイカーたちに、草花を代弁して乙女高原の特徴を説明し、付き合い方を考えてもらわねばならない。つまりは、自然観察会こそが有効だろうと考えている。

自然観察会が自然を守ることにつながってほしい――そう考えて、一九九九年の夏、「乙女高原毎週自然観察会」を計画した。七月下旬から八月にかけての毎週末、乙女高原で観察会をやろうとい

レジャーシートを敷いた跡．乙女高原にもともと生えていた植物には，こういう踏みつけに弱いものが多い．気持ちのいい草原の中でお弁当を食べたいという気持ちもわかるけどね．

乙女高原観察会．写真を拡大カラーコピーして説明パネルを作った．
（鈴木としえさん撮影）

うものだ。夏の週末をすべて乙女高原に捧げようということの計画に自分自身でも半分あきれたが、マジで「やるっきゃない！」とも思った。

幸い、ノラやまなしの仲間たちが応援してくれるというし、やまなし環境財団から活動助成金がいただけることになった。

ちらしを印刷して配り歩いたり、ポスターを作って掲示を頼んだり、マスコミにPRをお願いしたりと、準備は忙しかった。

第一回の観察会は、七月三一日。ほぼ定員の二七人の参加者があった。始めの会が終わり、いよいよ草原の中を歩き始めた。

「このアザミの花の下の部分にさわってみてください。…ベトベトするでしょう？　これはノアザミというアザミです」

「この花の葉っぱをよく見て。どうなっています？　…ギザギザですよね。この葉っぱの形に似ているものといったら?!　大工さんが使う道具で…。そうそう。で、この花の名前はノコギリソウです」

など、この時期に見られる代表的な花の名前を、由来や特徴を織り混ぜながら説明した。

今までぼくがやってきた観察会は、自然の（動植物の）説明を、時にはゲームなども取り入れながら楽しくやっていくことが中心だった。だが、今回の観察会に対するぼくの思い入れは、全然別のところにあった。だから、お花の説明はさらりと流してしまった。

斜面の中腹に来たところで、一枚のカラーコピーを取り出し、見てもらった。

「この写真と草原を見比べてみて、何か気付くことがありませんか？」

「草が枯れてる！」

「この写真は一二月に撮ったものだからね。ほかには？」

「ここにはこんなに草が生えているでしょう。結構背も高いでしょう。なのに、写真は丸坊主みたいに見える」

「いい所に気付きましたね。ほかの方もわかりますか？　ほら、まるで頭をバリカンで刈ったように見えますね。それもそのはず…（と、もう一枚の写真を取り出した）ここ乙女高原では、このように冬になると草を刈ってしまうんです」

トラクターで草刈りしている写真を見せた。

子どもたちから、

「それじゃあ、自然破壊だ！」

という声。大人たちも心の中でそう思っているだろう。

「だけどね、もし、草刈りを止めてしまうと、ここは草原でいられなくなってしまうんだよ」

「えっ？」と、みんなけげんそうな顔。

「ぼくの後ろを見てください。これはヤナギ、こっちはシラカバの若木です。もし、これらの木を放っておくと、どうなると思います？」

「そう。毎年少しずつ大きくなっていきますよね。で、どうなります？　いつかは森になってしまうんです。草原の奥の方を見てください。あそこは一〇年前から草刈りが行われなくなりました。そしたら、ほら、あんなに木たちが大きくなって、森に近付いてきました。もっとすごいのが、道の向こう側です。道ができてから、向こう側は草刈りをしなくなりました。そしたら、今ではもう

冬の乙女高原．バリカンで坊主頭にしたみたい．
じつは，トラクターで草刈りしている．

完全に森になっていますよね。

草刈りをすることで、木の苗まで伐ってしまうから、乙女高原はいつまでも草原でいられるのです。草が枯れてから刈っているので、草にはあまり影響がないみたいです。

つまり、この風景は自然そのままではなく、人が自然にかかわって初めてできた風景なんですよ！もともとは森しかないところに、人がかかわって森と草原という二つの自然ができている。ここには森に住む生き物も、草原に住む生き物も、草原と森を行き来する生き物もいます。人がかかわることで、もともとの自然より豊かな自然になっちゃっているんだよね。これが、今日の観察会のテーマ『乙女のひみつ』の第1号です」

こんなふうに、ぼくがぜひ伝えたいと思っていることについては、ていねいに解説していった。

えっ？　その他の「乙女のひみつ」は何かって⁇　ほかにも、川に関するひみつやツツジ祭の後遺症のひみつなんかがあるんだけど、それらの話は本の中ではなく、実際に乙女高原でしたいと思います。ぜひ一度、来てね。

# あとがき

ぼくが地人書館から出す本は、これで三冊目になる。

一冊目『ぼくらの自然観察会』は、ぼくがプライベートな時間を使って、仲間とボランティアでやっている、楽しい自然観察会の様子を書いた。二冊目『学校で自然かんさつ』は、ぼくの職場である学校で、子どもたちはもちろん、同僚や父母も巻き込みながら自然観察をやっている様子を書いた。

二冊が完成した段階で「これで自分のやっている自然観察の集大成ができたなあ」と思った。ところが、時間がたつにつれ、もの足りなさを感じるようになった。確かに「プライベートな時『ぼくら…』も、仕事『学校で…』でも自然観察！」なんだから、すべてが網羅されているようだけど、自然観察会をやっている人なんてまだまだ少数派だし、仕事として学校の先生をやっている人だってそんなに多くないもんなあ。一つの事例ではあるけれど、決して一般的ではないよなあ。

さらに時間がたつうちに、もの足りなさが、はっきりしたイメージになってきた。日常生活の中で自然観察はい～っぱいできるよ、多くの人が行ったりやったりするスキーや海水浴などの野外活動や普通の旅行の中でさえ自然観察はできるよ——という視点が欠けていたんだ。そこまで書かなければ、とても自然観察の集大成とは言えないなあ。それなら自然観察の三冊目を書いちゃおう！……で、生まれたのがこの本だ。

三冊を合計すると、ボランティア活動でも、仕事でも、プライベートでも自然観察、つまりは「いつでも どこでも 自然観察」ってことになる。三冊合わせて初めて、ぼくの自然観察の全容が明らかになるわけだ。

ぼくがこんなふうに「いつでも どこでも 自然観察」人間になってしまったきっかけは、なんといっても（財）日本自然保護協会（NACS-J）の自然観察指導員講習会。二〇周年を迎えたこの講習会と講習会を支えてきた方たち、講習会に自主的に参加し、全国で自然観察会運動を巻き起こしている自然観察指導員の皆さんに、感謝と尊敬と連帯の気持ちを込めてこの本を捧げたい。

＊　＊　＊

ぼくをこの道に引っ張り込んだ張本人の一人、横山隆一さんには、日本の自然保護のためにそれこそ全国を駆け回っているそのお忙しい時間を割いて、序文を書いていただきました。本当にありがたく思います。

また、この本を出すに当たって、またまた編集の内田 健さんにわがままを聞いてもらったり、たくさんのアドバイスをいただいたりしました。ご自身も自然観察指導員である内田さんに厚く感謝します。

それから、この本に書いてあることの半分くらいは家族がらみのことなんだけど、これから、大樹（ひろき・小一）と夏樹（なつき・保育園の年中）がどんなふうに成長していき、家族でどんな自然観察ができるか、妻ともどもとても楽しみにしています。とりあえず、今までお父さんに付き合ってくれて、ありがとね。おかげで、こんな本が書けました。

最後に、この本に最後まで付き合って下さった読者の皆さん、本当にありがとうございました。ぼくは、これからも自然観察や自然観察会にかかわっていきたいと思っています。どこかで見かけたら、どうぞ、声をかけてやってください。　（つづく）

**いつでも どこでも 自然観察**

2000年 3月15日 初版第1刷

著 者 植原 彰
発行者 上條 宰
発行所 株式会社 **地人書館**
〒162-0835 東京都新宿区中町15
電話 03-3235-4422
FAX 03-3235-8984
郵便振替 00160-6-1532
URL http://www.chijinshokan.co.jp
E-mail KYY02177@nifty.ne.jp

印刷所 平河工業社
製本所 イマヰ製本


ISBN4-8052-0647-0 C0045